AF297726

MANUEL

DES

PROPRIÉTAIRES RIVERAINS.

MANUEL

DES

PROPRIÉTAIRES RIVERAINS,

DANS LEQUEL SE TROUVENT TRAITÉS :

Les lacs et étangs. — Les attérissemens. — Les accroissemens ou augmentations des terres. — La distinction des fleuves et rivières. — Les îles et îlots. — Les diverses manières dont se forme l'alluvion. — Des droits à leur propriété. — Des chemins qui se trouvent au bord de l'eau, sujets aux attérissemens. — La compétance à raison de la matière. — L'origine des eaux courantes et de l'usage qu'on peut en faire. — Les lois annotées applicables à l'espèce, etc., etc ;

Par M. GUILLAUME *DECAMPS*,

Avocat à la cour royale de Toulouse,

Auteur de la bibliothèque de Droit et Jurisprudence,

l'un des fondateurs de la Tribune provinciale.

PARIS,

CARILIAN-GOEURY, LIBRAIRE
QUAI DES AUGUSTINS, 41.

TOULOUSE,

J.-B. PAYA, ÉDITEUR,
HÔTEL DE CASTELLANE.

UN MOT

D'INTRODUCTION.

Lᴀ connaissance des droits relatifs aux cours d'eau est aux hommes qui habitent les terres riveraines, ce qu'est la science de l'agriculture, aux propriétaires les plus considérables.

Les courans des eaux sont tellement bien distribués par l'art de la nature et l'industrie de l'esprit humain, que les nations les plus florissantes cherchent à les utiliser.

Mais la *conservation* des terres qui peuvent être emportées par les inondations ou débordemens qui se multiplient, est un besoin général, ainsi que celles qui forment les alluvions, et c'est ce qui nous a déterminé à faire cet ouvrage; il renferme *tout ce qu'il est indispensable de savoir* dans l'intérêt des ᴘʀᴏᴘʀɪᴇᴛᴀɪʀᴇs ʀɪᴠᴇʀᴀɪɴs sur l'action des eaux, soit en raison de leurs propriétés territoriales, soit pour les usines qu'ils voudraient établir sur leur courant.

Qu'on se figure le Rhin ou le Rhône, dans leur irruption; même la Loire ou la Gironde, et tant d'autres fleuves ou rivières qui submergent en un moment des terrains considérables, et l'on reconnaîtra la nécessité de ce Traité, qui semble se compléter dans les chapitres qu'il renferme; néanmoins, il nous a paru indispensable de préciser son ensemble, en faisant connaître l'origine et l'usage des eaux qui alimentent ces fleuves.

Tous les moyens que nous signalons sont utiles, et nous avons lieu de croire que notre théorie sera goûtée comme un principe de droit.

MANUEL

DES

PROPRIÉTAIRES RIVERAINS.

NOTIONS PRÉLIMINAIRES.

L'intérêt si souvent froissé des propriétaires riverains, *riparius*, et la brièveté des lois sur *l'alluvion*, objet naturellement produit par les eaux courantes, qui rongent continuellement les bords du lit qu'elles parcourent, nous a fait sentir le besoin de traiter une matière si aride par elle-même, et d'interpréter les motifs qui ont guidé le législateur à les adopter. En effet, pour bien comprendre les termes de la loi à cet égard, ce qui est d'un besoin général, nous avons pensé qu'il était nécessaire d'en étendre les principes, et de nous occuper d'une science aussi essentielle que la parfaite connaissance de notre sujet.

Tous les termes concernant l'alluvion doivent être pris en considération, soit que l'attérissement se forme par un accroissement *subit* de terres, soit qu'il ait lieu par une augmentation de terrain successif et *imperceptible;* ce qui peut provenir d'une pente d'eau, qui coule rapidement et battant sans relâche contre le champ voisin, en ôte de moment en moment et l'ajoute à notre champ.

> *Ces progrès successifs, cet attérissement,*
> *Qui naît et qui se forme imperceptiblement*
> *Aux fonds voisins d'un fleuve ou bien d'une rivière,*
> *Prennent d'*ALLUVION *le nom, le caractère.*

Ce sont là les expressions consacrées par notre législation; et si l'on avait le soin de faire quelques travaux ou plantations aux propriétés riveraines, on ne serait pas | exposé à perdre le terrain qui est miné par le courant des eaux.

Il semble que c'est pour punir les propriétaires riverains d'une négligence trop grande , de réparer les fonds de terre que l'eau courante détruit ou consume peu à peu, en se retirant insensiblement de l'une de ses rives et se portant sur l'autre , que la loi veut que le propriétaire de la rive découverte profite de l'alluvion , sans que le riverain du côté opposé y puisse venir réclamer le terrain qu'il a perdu. Il est facile de comprendre que les riverains sont ceux qui ont des propriétés au bord des eaux courantes. Comme c'est par le fait de ces eaux que l'alluvion se caractérise, et qu'il en existe de diverses espèces, nous allons en présenter l'analyse. *Per alluvionem id videtur adjici quod ita paulatim adjicitur ; ut intelligere non possumus quantum , quoque momento temporis adjiciatur.*

Cette analyse sera divisée par chapitres, et subdivisée par sections ou paragraphes.

Dans le chapitre premier nous donnerons la définition des attérissemens , en embrassant

les prinripes généraux sur lesquels ils sont
fondés.

Le chapitre deux, fera connaître les augmentations ou accroissemens des terres, produits par les eaux.

Nous démontrerons dans le chapitre trois,
la distinction que l'on doit faire des fleuves ou
rivières navigables et flottables, d'avec celles
qui ne le sont pas, pour tout ce qui est relatif à l'alluvion, et décider à qui doit appartenir le lit que l'eau abandonne. Ce chapitre doit
particulièrement être divisé en deux sections.

Nous examinerons dans le chapitre quatre,
ce qui concerne les îles et îlots qui se forment
spécialement dans le lit des fleuves ou rivières.
ces cas étant prévus par les dispositions des
articles du Code civil sur les alluvions.

La connaissance de ces quatre chapitres nous
amène naturellement à donner la solution des
difficultés qui pourraient résulter des propriétés
riveraines relativement aux alluvions ; ainsi
nous embrasserons dans le chapitre cinq, tout
ce qui est de son domaine. *Quod per alluvionem
agro tuo flumen adjicit, tibi acquiritur.*

Enfin, la description des chemins sujets à l'alluvion, par leur situation au bord des cou-rans d'eau, formera le chapitre six, et sera le complément de cet ouvrage.

Nous devons observer que des lois particu-lières autorisent le gouvernement, à concéder les alluvions provenant des fleuves 'ou rivières, qui dépendent de la propriété publique ou doma-niale; notamment, une ordonnance royale du 23 septembre 1823. Il se forme même des entre-prises à ce sujet.

* La plupart des conseils généraux des dépar-te mens s'occupent dans ce moment de l'améliora-tion des propriétés riveraines, de leur situation à raison des alluvions, et des desséchemens des marais; des compagnies même ont fait des en-treprises à cet égard; espérons que les progrès que feront ces compagnies maintiendront les terrains en bon état, et surtout les propriétés qui se trouvent au bord de l'eaue. Ce qui nous en donne presque la certitude, c'est que des propriétaires riverains se réunissent à elles, pour coordonner leurs efforts à cette amélio-ration.

A cet égard , on doit remarquer que l'autorité administrative est compétente pour connaître d'une demande formée contre un entrepreneur de désséchemens de marais , par un propriétaire riverain, à l'effet d'être indemnisé d'un terrain d'alluvion , employé aux travaux de desséchement , ou pour tout autre dommage, ce qui peut arriver par les tranchées que cet entrepreneur pourrait faire. Mais l'administration n'a pas attribution pour statuer sur la contestation à laquelle donnerait lieu la *propriété* de l'alluvion , parce que, s'agissant d'un droit de propriété, la connaissance en appartient aux tribunaux ordinaires.

*La loi veut que l'alluvion n'ait point lieu à l'égard des lacs et étangs , parce que les propriétaires de ces objets sont réputés l'être toujours du terrain que l'eau couvre, à moins que ce ne fût un débordement momentané : le propriétaire d'un étang , répond de tous les dommages qu'occasionnerait la chute des eaux (1), au point que le voisin qui s'apercevrait du

(1) *Voy*. Boutaric, *Traité des droits seigneuriaux . p.* 570.

mauvais état de cet étang, et qui aurait à en redouter les suites, pourrait même sommer le propriétaire de faire les réparations nécessaires pour prévenir tout dégât, et, en cas de refus, les faire ordonner par justice.

Néanmoins, le propriétaire de l'étang n'acquiert aucun droit sur les terres riveraines que son eau vient à couvrir dans les crues extraordinaires. « Mais il peut arriver que les lacs » et étangs, *dit* M. de Maleville, *dans son* » *Analyse*, prennent de l'accroissement, non par » une cause momentanée, mais permanente, et » qu'ainsi ils couvrent habituellement une plus » grande partie du fonds environnant ; le pro- » priétaire du fonds en serait-il privé ? Je crois » qu'il faudrait ordonner le mesurage de tous » ces lacs, en temps ordinaire ; en poser les » bornes, et ordonner qu'en cas d'extension, le » propriétaire environnant y aura part en raison » du terrain envahi. »

Telle est l'opinion de ce savant auteur. Il est vrai que le lac diffère de l'étang, en ce que le premier résulte de la disposition des lieux, tandis que l'autre est formé au moyen d'ouvrages de main d'homme. La loi suppose que ces lacs et étangs appartiennent à des particuliers ; car , s'il arrivait qu'ils fussent publics , alors le droit d'alluvion devrait s'y étendre. *Leg.* 21 , *ff. de acq. rer. dom.*

D'après cet aperçu, on voit qu'il est inutile de nous occuper davantage de cet objet qui , par le fait, se trouve régi par les lois des 11 septembre 1792 et 16 septembre 1807.

CHAPITRE Ier.

DES ATTÉRISSEMENS.

Principes généraux.

Les principes que nous embrassons à l'égard des attérissemens, sont fondés sur la cause naturelle qui les produit par le courant des eaux qui déposent continuellement des parties bourbeuses et superflues qu'elles renferment. Il y a deux sortes d'attérissemens : les uus formés successivement et insensiblement ; les autres formés tout-à-coup par l'effet de l'impétuosité des eaux, qui transportent quelquefois des pièces de terre d'un lieu dans un autre . Nous allons les définir dans deux sections : la première renfermera encore un paragraphe relatif aux attérissemens formés à une terre donnée en usufruit ou à ferme ; et un autre paragraphe fera connaître les constructions ou digues qui peuvent exister sur les cours d'eau.

Nous devons faire remarquer que les attérissemens donnent encore lieu à deux sortes de propriétés, l'une publique et l'autre privée : la première lorsqu'ils naissent *dans le lit* des fleuves ou rivières navigables et flottables, suivant l'art. 560 du Code civil ; la seconde , lorsqu'ils se forment *sur les rives* joignant les propriétés riveraines , et conformément aux dispositions prescrites par les art. 556 et 557 du même Code.

SECTION 1re.

DES ATTÉRISSEMENS FORMÉS SUCCESSIVEMENT ET INSENSIBLEMENT.

Les amas *insensibles* des terres et sables ou graviers que les eaux des rivières entraînent, surtout dans leur débordement , forment des attérissemens qui augmentent l'héritage contigu à ces rivières , par droit d'alluvion. Ces attéris-semens sont presque toujours la propriété exclu-sive du riverain , à moins qu'il ne se trouve dans le cas excepté par l'art. 560 du Code civil , qui veut que les attérissemens qui se forment dans le lit des fleuves ou des rivières naviga-bles ou flottables appartiennent à l'état , s'il n'y a titre ou prescription contraire. Il est donc juste qu'à mesure que les eaux apportent ces objets et les réunissent *insensiblement* au champ riverain , ils appartiennent au propriétaire de ce champ , parce que les terres, sables ou gra-viers dont il s'agit se sont unis et incorporés au point de ne faire qu'un seul et même tout avec le champ ; il faut seulement remarquer que l'article cité dit *dans le lit* des fleuves ou rivières, ce qui est bien différent des attérissemens qui se sont *unis* à l'héritage riverain.

Il faut tenir pour certain que ce genre d'attérissement, donne un droit de propriété, qui est acquis aux propriétaires riverains par la *jonction* qui s'est faite des objets qui le forment avec leurs fonds, soit qu'il s'agisse d'une rivière navigable, flottable ou non. *Nous observons* qu'il serait possible que le marche-pied ou chemin de halage fut exigé par la loi, comme nous aurons occasion de le dire, suivant la nature de la rivière qui aurait causé cet attérissement.

§ I.er

De l'attérissement formé à une terre donnée en usufruit, ou à ferme.

Lorsque une terre, à laquelle s'est formé un attérissement, est chargée d'usufruit, l'usufruitier a-t-il la jouissance de cet attérissement ? L'art. 596 du Code civil veut que l'usufruitier jouisse de l'augmentation survenue par alluvion à l'objet dont il a l'usufruit. Mais cet article, tout en disant *à l'objet*, semble embrasser la quantité qui s'offre à la vue, déterminée seulement par l'espace et les confronts, ce qui forme, en un mot, un corps entier, soit d'une maison, soit d'un domaine ou d'un certain nombre de pièces de terre ; dans ce cas, l'article 596 est applicable à l'attérissement que forme l'alluvion, et l'usufruitier doit en profiter.

Mais il en est bien autrement si l'objet donné en usufruit est limité expressément à une certaine quantité de mesures de terre, qui se trouvent propriétés riveraines, et fixées à tant d'arpens; dans ce cas, ce n'est que la mesure fixe de l'objet donné en usufruit ou jouissance que l'usufruitier doit jouir, et par conséquent il ne peut point profiter de l'attérissement qui augmenterait cette mesure. Voilà ce que ne distingue pas l'article cité. Cependant la loi *in agris, ff. de acquis. rer. dom.*, décide que les champs qui sont bornés et limités ne reçoivent point d'attérissement ni d'accroissement par alluvion.

Ainsi donc, on doit regarder comme certain que *l'augmentation de terrain* survenue à un champ riverain, dont la contenance a été fixée ou bornée, ne peut pas être jouie par l'usufruitier de ce champ, qui ne peut avoir droit qu'à la mesure déterminée par son titre.

Cette opinion se trouve encore fondée sur la l. 9, § 4. *ff. de usufr.*, qui veut que l'usufruitier ne puisse pas jouir d'une île qui se serait formée dans une rivière qui appartiendrait à la terre donnée en usufruit.

Les mêmes principes nous paraissent applicables aux fermiers d'une contenance fixe de terrain ; ils ne peuvent point jouir de l'attérissement survenu à ce terrain par alluvion. Néanmoins cet alluvion doit appartenir au propriétaire du fonds donné à ferme; mais le fermier ne peut point s'en emparer ni en jouir sans le consentement de ce dernier. Un arrêt du 14 août 1597, rendu par le parlement de Toulouse, et rapporté par Maynard. — *Questions de droit*, t. 2, p. 538., confirme notre opinion; mais elle n'est pas conforme au sentiment exprimé dans le Traité *des alluvions* de M. Chardon, p. 263, où il dit :

« Le fermier ne peut *jamais* être privé de la » jouissance de l'alluvion. »

Il appuie sa manière de penser sur ce que, dit-il, « l'art. 1722 du Code civil autorise le fer- » mier, si l'immeuble qui lui est loué est détruit » en partie, à demander, suivant les circonstan- » ces, une diminution du prix ou la résiliation » du bail. »

Mais cet article ne parle point du *fermier,* et ne se trouve pas dans la section des règles particulières aux baux à ferme; dès lors , il ne peut pas être applicable à l'espèce. Cependant M. Chardon ajoute que « de ce droit déféré aux fermiers » résulte nécessairement celui du propriétaire » (dans le cas où l'immeuble reçoit une augmen-

» tation importante) de *demander* une augmen-
» tation du prix, en conformité de la règle de
» droit, dont tous les docteurs qui ont écrit sur
» la matière ont fait leur boussole. »

Sans avoir besoin de cette règle pour guide, il nous suffit de la concession faite par M. Chardon, par laquelle il accorde au propriétaire le droit *de demander une augmentation du prix;* donc, nous avons raison de dire que l'attérissement survenu par droit d'alluvion au terrain donné à ferme, doit appartenir au propriétaire du fonds affermé, puisqu'il a droit de demander pour ce surcroît de terrain une augmentation de prix.

Mais nous soutenons encore que le propriétaire du fonds est libre de jouir par lui-même l'attérissement alluvion dont il s'agit, ou de le donner au fermier à telles conditions qu'il avisera, car ce dernier n'y a aucun droit sans une nouvelle convention.

Dans le cas qui nous occupe, il paraît qu'on pourrait argumenter avantageusement de l'art. 1726 du même Code, qui veut que, *si le fermier a été troublé dans sa jouissance par suite d'une action concernant la propriété du fonds, il a droit à une indemnité proportionnée sur le prix du bail à ferme.* Nous trouvons cette disposition plus conforme à l'espèce que celle de l'art. 1722 ; car l'action de l'eau, au lieu de donner du terrain, peut bien en ôter du champ affermé ; cela arrive presque à chaque inondation, et alors le fermier n'a plus sa contenance fixe ; il peut demander une diminution sur le prix du bail, proportionnée à la perte qu'il a éprouvée. De là, la conséquence que, s'il a éprouvé une augmentation de terrain, par le fait d'un attérissement, il doit payer au propriétaire un surcroît du prix du bail, et celui-ci peut l'exiger du fermier, ou prendre cette augmentation de terrain.

Mais si c'est *un corps* de ferme qui borde une eau courante, auquel il sera survenu un attérissement, alors le fermier doit en profiter *sans augmentation du prix*, parce que la contenance de l'objet affermé n'est point déterminée par le bail à une mesure fixe. On voit donc qu'il y a cette distinction à faire : ou le fermier a pris un objet d'une contenance déterminée et fixée, ou un ensemble de biens qui ne forment qu'un tout et un corps certain, ce qui naturellement doit se faire sentir à l'esprit le moins pénétrant.

§ II.

Des Constructions ou digues qui peuvent exister sur les cours d'eau, relativement aux attérissemens.

Pour dompter l'impétuosité des courans d'eau, chaque propriétaire riverain peut faire certaines constructions, sans cependant nuire à son voisin ni à l'écoulement des eaux, et s'il se forme quelque attérissement, il importe peu qu'il provienne de travaux faits de main d'homme ou naturellement, cela ne met pas obstacle à l'application des règles qui déterminent le caractère de l'alluvion. Ainsi décidé par la cour de cassation le 8 juillet 1829 (1), suivant l'arrêt que nous apportons en entier, comme étant une autorité imposante. Voici les faits :

(1) *Voy*. Dalloz et Tournemine, *Journ. des Arrêts*, tom. 29, part. 1ʳᵉ, pag. 294.

« Sur une contestation entre le préfet et les sieurs Archinard et Chiou, relativement à la propriété de terrains et graviers, situés sur la rive droite de la Drôme, vis-à-vis des propriétés de ces derniers, le tribunal de Die, a rendu, le 5 juillet 1826, un jugement ainsi conçu :

» Sur la demande en délaissement : considérant que les terrains, attérissemens ou accroissemens et graviers, qui sont produits par les fleuves ou par les rivières navigables ou flottables, sont de deux espèces, et susceptibles de deux sortes de propriétés, l'une, publique, et l'autre, privée ; la première, sur les terrains, attérissemens et graviers qui naissent dans leur lit, et qui sont attribués à l'état, par l'art. 560 du Code civil ; la seconde, sur ceux qui se forment successivement et imperceptiblement par des accroissemens sur leurs rives, et qui sont dévolus aux propriétaires riverains par les art. 556 et 557 du même Code ; que les attérissemens ou accroissemens et graviers, revendiqués par l'état, se sont formés sur la rive droite de la Drôme ; que les sieurs Archinard et Chiou sont propriétaires riverains sur la même rive ; que, dès lors, ils ont été habiles à profiter des accroissemens survenus à leurs propriétés par une des causes exprimées aux art. 556 et 557 ; que c'est sans fondement que l'on a soutenu, pour l'état, que les accroissemens survenus aux fonds riverains, par suite des travaux faits à main d'homme, rentrent dans la classe de ceux dépendans du domaine public , aux termes de l'art. 560 ; que la conséquence que l'on voudrait tirer des dispositions de cet article serait contraire au droit commun , qui permet à tout propriétaire riverain de défendre et de protéger son héritage contre l'irruption des eaux; au droit romain , qui permettait aux riverains de fortifier leurs rives , non seulement pour les mettre à couvert , mais encore pour se procurer un accroissement par alluvion : *ripam suam adversùs amnis impetum munire, prohibitum non est ;* et à l'intérêt public , auquel il importe que des graviers incultes et sans produit soient rendus à l'agriculture, source des richesses, déboute le préfet de sa demande.

» Appel. — Arrêt confirmatif de la cour royale de Grenoble , du 30 août 1828. — Pourvoi en cassation de la part du préfet. Il a soutenu que

la distinction établie par le tribunal de Die, et
l'arrêt attaqué, entre les attérissemens qui naissent dans le lit des fleuves ou rivières et ceux
qui se forment sur les rives, n'était ni dans la
lettre ni dans l'esprit de la loi ; que l'attérissement qui a lieu dans telle ou telle partie du fleuve,
soit sur le milieu, soit sur les bords, est toujours
formé dans le fleuve, et aux dépens de son lit ;
que les attérissemens qui se forment successivement et imperceptiblement, sont les seuls qui
soient appelés alluvion, et dont les riverains aient
le droit de profiter ; mais que ceux formés dans
les fleuves et rivières navigables ou flottables,
soit par cas fortuit, soit par des travaux, ou de
toute autre manière que celle déterminée par
l'art. 556 du Code civil, appartient à l'état ;
que, dans l'espèce, les attérissemens n'avaient
eu lieu que par suite des travaux exécutés par
les riverains ; qu'il n'est pas permis à ceux-ci de
procurer ni à eux-mêmes ni à leurs voisins un
accroissement pris sur le lit de la rivière.

» Arrêt. — La cour, attendu, en droit, que
les art. 556 et 560 comprennent également les
attérissemens dans leur contexte ; mais que, dans

le deuxième de ces articles, qui attribue à l'état les attérissemens, îles et îlots, il s'agit uniquement de ceux qui se forment *dans* le lit des fleuves et rivières navigables, tandis que, par l'art. 556, les accroissemens et attérissemens qui se forment successivement et imperceptiblement *aux fonds riverains* d'un fleuve ou d'une rivière navigable, appartiennent aux propriétaires riverains ;

» Attendu, en fait, que l'arrêt attaqué, en adoptant les motifs du jugement de 1re instance, reconnaît que les attérissemens et graviers revendiqués par l'État se sont formés sur la rive droite de la Drôme, soit par une alluvion insensible, soit par les relais que forme l'eau courante qui se retire, ce qui excluait l'application de l'art. 560 du Code civil, et justifiait l'application qui a été faite de l'art. 556 du même Code ;

» Attendu que *la circonstance des travaux faits à main d'homme, n'a pu, dans l'espèce particulière, mettre obstacle à l'application des règles établies pour déterminer le caractère des alluvions,* puisque l'arrêt constate, en fait, que cette alluvion a été insensible, ce qui exclut l'idée d'un changement immédiat opéré par ces travaux, *rejette le pourvoi*, etc. »

Les conséquences qu'on peut tirer de cet arrêt, peuvent servir d'application dans beaucoup de circonstances : il faut faire attention que la défense qui a été faite entre les parties a été prise dans les moyens de l'espèce particulière de la cause ; néanmoins, il établit un point de jurisprudence certaine.

Comme l'objet qui nous occupe doit avoir un point fixe, nous croyons qu'il est de principe que tous les attérissemens formés par suite de la construction de digues, épis, et autres ouvrages publics, exécutés aux frais du gouvernement, doivent être déclarés faire partie du domaine de l'état, parce que la question se rattache à l'auteur des travaux qui procure cet attérissement.

Il importe donc aux *propriétaires riverains*, de surveiller les travaux que le gouvernement fait opérer au bord de leurs propriétés, pour qu'ensuite il ne s'empare point d'un attérissement qui se serait formé ; car il dépend de lui de faire tous les ouvrages qu'il juge convenables, même de rendre les rivières navigables ou flottables. Aussi les propriétaires peuvent, de leur côté, faire eux-mêmes tous les ouvrages nécessaires pour mettre leurs terres à l'abri des irruptions des eaux. A cet égard, M. Chardon, pag. 343, n.º 201, de son Traité, s'exprime ainsi : « Les riverains ont la faculté de faire » tous les ouvrages qu'ils jugent propres à garan- » tir leurs propriétés des désastres d'un débor- » dement, soit en élevant leur terrain jusqu'au » bord de la rive, soit par des digues, des » chaussées, ou des murs construits *sur leur* » *propre sol, et hors du lit du cours d'eau....* » à la condition que ce qu'ils feront ne sera » pas par l'effet de la méchanceté ou de l'igno- » rance, préjudiciable à autrui ». Il est cer- tain que ceux qui occasionnent des inondations par leurs usines, où par des travaux quelcon- ques, sont responsables des dommages qu'ils ont causés, d'après les dispositions de l'art. 1382 du Code civil, et de l'art. 457 du Code pénal.

Du reste, un décret du 25 janvier 1807, veut que nul ne puisse faire, dans les fleuves ou rivières, des ouvrages nuisibles aux proprié- taires riverains et à l'écoulement des eaux, en entravant leur cours naturel, sans encourir les peines portées par les art. 12, 21 et 42 de ce décret. On conçoit qu'il ne s'agit pas ici des ouvrages établis sur des fonds supérieurs, destinés à faciliter la chute et le cours de l'eau sur les fonds inférieurs ; ce qui rentre dans l'objet des servitudes qui dérivent de la situation des lieux.

SECTION II.

DES ATTÉRISSEMENS QUI SE FORMENT TOUT-A-COUP.

La rapidité des eaux, soit des fleuves ou des rivières, même les courans d'eau occasionnés par les torrens de pluies, transportent quelquefois, par leur impétuosité, des pièces de terre d'un lieu à un autre, qui forment des attérissemens, tantôt au milieu des eaux, tantôt au bord des champs riverains ou ailleurs. Ces sortes d'attérissemens ne changent pas pour cela de maître, c'est-à-dire que les terres ou autres objets *qui sont emportés* tout - a - coup par la violence des eaux , appartiennent toujours au même propriétaire qui a droit de les suivre en quelque lieu qu'il les trouve, et peut les revendiquer, quand même l'objet ainsi transporté , serait au milieu d'une rivière navigable ou sur le rivage de la mer ; attendu que la chose étant reconnaissable, comme le serait un morceau de terrain , le vrai propriétaire en doit conserver la propriété , ainsi et de même qu'il le pouvait avant que l'action des eaux emportât sa chose ; il a un droit de suite , que la *loi 6 , au Cod. de acquir. rer. domin.* , lui donne.

Notre législation est conforme à ce principe, puisqu'elle porte que, si un fleuve ou une rivière *navigable ou non*, enlève, par une force subite, un e partie considérable et reconnaisable d'un champ riverain, et la porte vers un champ inférieur ou sur la rive opposée, le propriétaire de la partie enlevée peut réclamer sa propriété ; mais il est tenu de former sa demande dans l'*année* ; après ce délai, elle ne sera plus recevable, à moins que le propriétaire du champ auquel la partie enlevée a été unie, n'eût pas encore pris possession de celle-ci, parce qu'alors il est censé avoir respécté ce terrain et reconnu par là qu'il ne lui appartenait point.

Il en serait de même s'il arrivait qu'un orage enlevât ou déracinât une vigne ou tout autre objet, et les fît couler dans un vallon prochain ; sans doute que leur propriétaire serait en droit d'en emporter ce qu'il pourrait, et s'il ne le fesait pas dans le délai prescrit par la loi, il serait censé abandonner ces objets au propriétaire du sol sur lequel ils auraient été portés. Ce délai, quoique très court, est plus que suffisant, et peut prévenir beaucoup de procès qui deviendraient, par la suite du temps, fort difficiles à décider, d'après la confusion qui aurait pu s'opérer des objets ainsi enlevés avec le fonds du sol sur lequel l'orage les aurait jetés.

* Néanmoins, la prescription d'une année fixée par l'art. 559 du Code civil, ne doit pas être prise à la lettre, quoique cette espèce de prescription tienne en quelque sorte à l'ordre public ; parce que l'incorporation de la terre ou de l'objet enlevé ne se consomme pas sur le

champ, et par le seul fait du contact des deux fonds. Ainsi , le propriétaire du fonds fugitif a droit de le réclamer et de le suivre , comme nous l'avons déjà dit, *mais encore tant qu'il y a une partie de son objet qui est reconnaissable*, et susceptible de former un corps particulier ; il ne doit pas négliger d'en prendre possession ou de former sa demande en revendication ; car s'il s'écoule un espace de temps assez long, pour que son terrain se soit uni et incorporé au terrain d'autrui, de manière qu'on ne puisse plus en distinguer les limites ; dans ce cas, l'action en revendication doit cesser, et l'objet doit être acquis à celui au fonds duquel l'incorporation s'en est faite.

M. Brillon , *dictionnaire des Arrêts*, v° *alluvion*, dit à cet égard que : « si par une » tempête, en un moment, l'héritage d'autrui » se trouve accru au nôtre, il demeure à son » propriétaire, à moins qu'il ne soit assez long- » temps sans le revendiquer, pour laisser aux » arbres qu'il a entraînés, le temps de prendre » racine ».

Un principe qu'il ne faut pas perdre de vue

sûr ce qui nous occupe, c'est que l'incorporation des terres ou des autres objets enlevés , doit
être naturelle et par le seul fait du temps ;
si au contraire les deux terrains s'étaient réu-
nis par suite de la culture et par le fait de
l'homme, l'action en revendication ne serait pas
éteinte.

CHAPITRE II.

DES ACCROISSEMENS OU AUGMENTATIONS DE TER-RES PRODUITES PAR LES EAUX.

L'ACCROISSEMENT est une augmentation de terrain qui se fait insensiblement et imperceptiblement sur les bords de la mer, des fleuves ou des rivières, et que l'eau jette, pour ainsi dire, sur les propriétés riveraines à mesure qu'elle parcourt un espace quelconque, et quelle qu'en soit la direction.

On acquiert ces sortes d'accroissemens comme dans les attérissemens; car ce que la nature ajoute à un fonds de terre doit être acquis au maître de ce fonds; c'est une espèce d'accession de terres transportées successivement par le courant des eaux, en sorte qu'elles doivent demeurer à l'héritage auquel elles se trouvent réunies, parce qu'il est incertain si la portion de terre accrue faisait originairement partie du terrain duquel on prétend qu'elle a été insensiblment détachée, ou de celui auquel elle a été incorporée; le droit naturel veut que celui qui peut souffrir d'un dommage, puisse en retirer l'avantage : *commoda eum sequi quem sequuntur incommoda.*

La loi qualifie l'accroissement d'alluvion : il peut avoir lieu de deux manières : ou par la jonction successive des terres charriées par les fleuves, ou par des rélais que forme quelquefois l'eau courante en se retirant insensiblement de l'une de ses rives, pour se porter sur l'autre; dans les deux cas, cet accroissement appartient au propriétaire riverain, sans aucune indemnité pour celui de la rive opposée. Ainsi, puisqu'ils sont exposés à perdre ou à gagner une certaine quantité de terre, il nous semble que, soit l'un ou l'autre des riverains, ils devraient se prémunir contre les inondations produites par l'élévation des eaux, qui causent les accroissemens dont il est question.

*Il est d'un intérêt général de donner de l'extension à la crue des eaux, afin qu'elles puissent se répandre sans nuire à aucun héritage ; on doit remarquer que, lorsque les pluies entraînent avec elles les parties les plus grasses de la terre des champs élevés et les portent dans les champs bas, où ces parties de terre restent et s'incorporent avec ces champs, de manière qu'elles ne font qu'un seul tout et une même chose ; alors elles deviennent parties accessoires du champ bas auquel elles se sont réunies, et le domaine en est acquis par droit d'accession, au propriétaire de ce champ ; mais tous les propriétaires riverains sont intéressés à étendre l'écoulement des eaux, pour les remettre dans leur situation naturelle, ainsi que les terrains qu'elles occupaient.

Quoiqu'il existe une différence entre l'accroissement et l'attérissement, les principes de droit que nous avons indiqués sur ce dernier objet, sont les mêmes pour l'accroissement, et peuvent lui être applicables, ce qui nous dispense d'entrer dans de nouveaux détails. On doit remarquer qu'il suffit que des accroissemens se soient formés insensiblement aux fonds riverains d'un fleuve ou d'une rivière, pour qu'ils soient réputés appartenir aux propriétaires de ces fonds; *encore bien qu'ils aient pu provenir de travaux de main d'homme.* Telle est la jurisprudence de la cour de cassation, confirmée par arrêt du 8 juillet 1829, que nous avons fait connaître dans le chapitre précédent.

CHAPITRE III.

DE LA DISTINCTION DES FLEUVES ET RIVIÈRES A L'ÉGARD DES ALLUVIONS.

Un fleuve est un amas d'eau ou grande rivière qui conserve son nom jusqu'à la mer, où elle se déverse et borne son cours ; au lieu que les rivières proprement dites se jettent dans les fleuves. L'eau de ceux-ci creuse leur lit par sa vitesse et détruit les parties du fonds le plus élevé qu'elle parcourt, pour les porter plus bas. Au lieu que la plupart du temps, l'homme a contribué à creuser le lit des rivières ; mais néanmoins ces parties qui se déposent, finissent par applanir le fond du lit de l'un et de l'autre, de manière à le rendre horizontal; il reste dans cet état plus ou moins long-temps , selon la qualité du sol ; car l'argile et la craie, qui peuvent avoir été transportées , resistent plus que le sable et le limon. Hésiode *dit que les fleuves sont enfans de l'Océan et de Thétis*, pour nous marquer qu'ils viennent de la mer, comme ils y rentrent.

Un petit fleuve peut se jeter dans un grand, tout comme les eaux d'une petite rivière peuvent entrer dans une grande, sans en augmenter la largeur ni la profondeur ; la raison est que l'addition des eaux ne produit d'autre effet que de mettre en mouvement les parties des matières qu'elles entraînent et de rendre la rapidité du courant plus forte. Voilà leur véritable distinction, que nous définirons plus particulièrement ; à l'égard de l'alluvion , c'est une dépendance du domaine public et appartenant à l'état.

Dans l'Afrique se trouve le *Nil*, qui a fixé l'attention des hommes, comme étant l'unique fleuve de ce genre qui existe dans l'Univers, et dont les ondes bienfaisantes apportent aux habitans de l'Egypte, la vie, les richesses et le bonheur. Comme lui, nos fleuves et nos rivières, quoique nuisibles dans leurs débordemens, engraissent quelquefois nos sillons par leur limon et nous sont d'une grande utilité; les Français se trouvent heureux de les posséder.

Les fleuves, comme la fortune, ôtent et donnent, ils étendent nos héritages ou les retranchent; le poète Lucain l'a dit en ces termes, en parlant du Pô.

His rura colonis
Accedunt donante Pado.

Ainsi les fleuves et les rivières doivent par la force de leur courant déposer naturellement une partie des matières hétérogènes que leurs eaux roulent et emmènent avec elles au bord de leur lit, ce qui forme des alluvions qui sont occasionnées par ces matières qui n'ont plus de mouvement et donnent lieu aux attérissemens ou accroissemens dont nous avons déjà parlé. Il est bon d'observer que les fleuves et les rivières navigables ou flottables doivent avoir un chemin de halage ou marche-pied ; ce dont nous traiterons dans le chap. 6 , sect. Ire , § 3.

Nous allons diviser le présent chapitre en deux sections ; la première traitera des rivières, relativement aux alluvions ; la seconde fera connaître à qui doit appartenir le lit ou terrain abondonné par un fleuve ou une rivière. Cette distinction nous a paru nécessaire, pour ne pas confondre ces deux parties ensemble.

SECTION Ire.

DES RIVIÈRES RELATIVEMENT AUX ALLUVIONS.

Il y a plusieurs sortes de rivières, celles qui sont navigables ou flottables, et celles qui ne le sont pas. En général , toutes les rivières proviennent des sources ; c'est une eau abondante et perpétuelle qui coule dans un lit ou espèce de canal ; elles se jettent dans les fleuves ou dans d'autres rivières , et dans le cours qu'elles parcourent , elles charrient naturellement et insensiblement des terres ou limon , que leurs eaux déposent imperceptiblement au *bord* des propriétés riveraines , ce qui forme, par un long espace de temps , un attérissement qui donne lieu à une alluvion ; à moins que cet attérissement ne se soit fixé *dans* le lit du fleuve ou de la rivière, ce qui lui ôterait le caractère de l'alluvion. Et dans ce cas l'Etat en profiterait, d'après les dispositions de l'art. 560 du Code civil, portant que : « les attérissemens qui se » forment dans le lit des fleuves ou des rivières » navigables ou flottables, appartiennent à l'Etat, » *s'il n'y a titre ou prescription contraire* ».

Il faut, d'après cet article, que la rivière soit navigable ou flottable , pour que l'Etat puisse profiter de l'attérissement ; de là , la nécessité de définir ce qu'on entend par ces sortes de rivières. Les rivières navigables sont celles qui

portent bâteaux de toute dimension; et les flottables , celles sur lesquelles peuvent flotter des
traînes de bois.

Néanmoins, par ordonnance du roi, rendue
en conseil d'Etat, le 31 juillet 1832, il a été
décidé que les préfets *sont compétens* pour déclarer si une rivière est navigable , flottable ou
non , en réservant aux tiers les droits de leurs
titres respectifs ; mais une rivière est navigable
ou flottable, toutes les fois qu'il y existe des
passalis.

Quant aux autres rivières qui ne portent
point bâteaux ni traînes de bois, parce qu'elles
sont plus petites et moins profondes, d'où dérivent des ruisseaux , la loi ne fait pas de
difficulté d'attribuer les attérissemens occasionnés par leur courant, aux propriétaires riverains ; c'est un objet qui leur est acquis.

La nécessité d'établir la flottaison donne au
gouvernement la libre disposition de tout ce
que renferment les rivières navigables et flottables; c'est une dépendance du *domaine public,*
la loi les considère ainsi : remarquons qu'aucune disposition législative ne considère le lit

des autres rivières comme une dépendance du *domaine privé*, elle attribue seulement aux propriétaires riverains les îles et îlots, ou attérissemens qui se forment dans ces rivières ; comme une juste indemnité de la perte à laquelle sont exposées leurs propriétés.

Pour mettre notre ouvrage à la portée de tout le monde, il nous semble nécessaire d'expliquer ce qu'entend dire l'art. 560 cité, par ces expressions : « *S'il n'y a titre ou prescription con-* » *traire.* » Par titre, c'est que le gouvernement aurait pu concéder l'attérissement dont est question dans cet article, et cette concession formerait un titre entre les mains du possesseur ; et par prescription, c'est-à-dire que celui qui aurait pu s'emparer de cet attérissement, le jouirait depuis plus de trente ans, et aurait prescrit la propriété par la possession, sans titre.

SECTION 2.

DU LIT OU TERRAIN ABANDONNÉ PAR UN FLEUVE OU UNE RIVIÈRE.

Le cours naturel de l'eau peut avec le temps changer de direction ; mais que ne fait-elle pas par la rapidité de son courant, surtout lorsque les fleuves ou les rivières débordent? alors leurs ondes se soulèvent, et, par leur agitation, cherchent un point sur lequel elles puissent se fixer; et si elles ne le trouvent pas, elles ravagent les champs les plus voisins par la force du courant, et se font un nouveau lit qui encaisse leurs eaux. L'art. 563 du code civil a prévu ce cas; il veut que « si un fleuve ou une rivière naviga- » ble, flottable ou non, se forme un nouveau » cours, en abandonnant son ancien lit, les pro- » priétaires des fonds nouvellement occupés » prennent, *à titre d'indemnité*, l'ancien lit » abandonné, chacun dans la proportion du ter- » rain *qui lui a été enlevé.* » Nous ajouterons que cet *ancien lit* advient exempt de toute servitude, de la part de l'ancien propriétaire riverain, parce que celui-ci a perdu les droits qu'il avait sur le rivage, en cessant d'être riverain.

Il faut remarquer que l'abandon de l'ancien lit doit se faire d'une manière *sensible* et *prompte*, pour que les propriétaires des fonds nouvellement occupés par les eaux puissent prendre, à titre d'indemnité, l'ancien lit abandonné. Si au contraire l'abandon du lit d'une rivière se fait *lentement* et *successivement*, on doit considérer le terrain abandonné comme une alluvion. Dans ce dernier cas, ce terrain appartient à l'ancien propriétaire riverain, qui, par cette circonstance, a conservé son droit. Telle est aussi l'opinion de M. Delvincourt.

Si, par le fait d'un abandon de terrain, par un cours d'eau, sans qu'il se forme un nouveau lit, il venait à être fait quelques réclamations par le propriétaire de l'autre bord, sur le terrain abandonné, on peut lui opposer *qu'il n'a souffert aucun préjudice*, et que le courant de l'eau n'a fait que rétrécir son cours ordinaire, dès-lors le terrain abandonné appartient à l'ancien propriétaire riverain ; et si une décision ministérielle autorisait le domaine à disposer des terrains abandonnés ou délaissés par un fleuve ou une rivière, ce ne serait là qu'une mesure d'administration domaniale, et non pas une décision d'administration publique ; ainsi, elle ne pourrait recevoir son exécution qu'autant que la propriété du terrain ne lui en serait point contestée.

Nous ne doutons point que, lorsque le législateur a accordé aux propriétaires des fonds nouvellement occupés par les eaux, l'ancien lit abandonné, ce ne soit en dédommagement de ce que les eaux se sont dirigées sur leur terrain, mais lorsqu'ils n'ont rien souffert ni perdu, pourquoi les gratifier ? D'ailleurs, quel préjudice n'éprouvent pas, à leur tour, les anciens propriétaires, en perdant leurs droits au rivage sur lequel ils avaient peut-être des usines que les eaux faisaient mouvoir. C'est bien ici le cas d'invoquer l'équité naturelle, et d'exercer la justice avec cette droiture convenable, sans appliquer la rigueur des lois.

A cet égard, M. Chardon, dans son traité, n° 182, prenant en considération toutes les hypothèses dans lesquelles peuvent se trouver les deux prétendans au terrain abandonné , conclut à ce que l'ancien propriétaire riverain puisse le garder moyennant indemnité proportionnée au préjudice causé à ceux qui supportent le nouveau lit du cours d'eau. Et comme, dit-il, une des règles les plus invariables dans la distribution de la justice , est que l'intérêt est la mesure des actions, leur résistance *à accepter l'indemnité* devrait être réprouvée.

   * Il s'opère des inondations ordinairement sur les endroits bas et marécageux , qui sont produites par les pluies ou par l'élévation des eaux des fleuves ou rivières. Pour répandre ces eaux , si elles ne se retirent pas naturellement , et leur donner de l'écoulement, il faut abaisser la surface de la terre , et leur procurer de l'extension au point de rendre au terrain qu'elles occupent le desséchement et la solidité qui existait avant. Cependant il peut arriver que l'eau séjourne sur les terres plus ou moins long-temps. Il a été décidé qu'un terrain qui, pendant un grand nombre d'années, *fût-ce même plus de trente ans,* a été envahi et couvert par les eaux d'un fleuve, mais sans toutefois que le fleuve ait abandonné

son ancien lit, ne doit pas, lorsque les eaux viennent à se retirer, être réputé faire partie du lit du fleuve et par suite être considéré comme un attérissement ou alluvion, devant profiter aux propriétaires riverains contigus, ce terrain continue d'appartenir à l'ancien propriétaire. C'est là une conséquence des dispositions de l'art. 556 du Code civil. S'il s'élève quelques contestations à cet égard, aux juges du fonds il appartient exclusivement de décider si la déviation temporaire du cours d'une rivière constitue un véritable changement de lit de la rivière, ou une simple inondation; et l'arrêt qui déclare que c'est par abus, sans droit ni qualité qu'une partie s'est emparée d'une propriété de ce genre, constate suffisamment sa mauvaise foi : en conséquence, la restitution des fruits par elle perçus a été justement ordonnée.

Ces trois questions ont été ainsi résolues par arrêt de la cour de cassation, du 20 janvier 1835, rendu entre Lamurée et d'Harcourt (1). Voici les faits :

(1) Voy. Sirey, t. 35, part.1re, pag. 363.

« Les sieurs Lemurée et consorts se sont pour-
vus en cassation contre un arrêt de la cour royale
de Rouen, du 6 février 1834 ; ils ont soutenu
que cet arrêt avait violé les art. 556 et 557 du
Code civil, en refusant de reconnaître que le
terrain litigieux, qui fait partie d'une grande
prairie nommée *le Telluet*, sise à Saint-Georges
de Gravenchon, sur la rive droite de la Seine,
et bordant au nord le chemin du Mesnil sous
Lille-Bonne, au-delà duquel sont les falaises ;
au midi, le canal de Seine ; à l'ouest, les prairies
du Dijon ; à l'est, en pointe, le hameau du cul
du Tot. Ce terrain, couvert par les eaux pendant
trente ans, appartenait aux demandenrs, propriétaires riverains, par droit d'alluvion. De plus,
ils lui ont reproché une violation des art. 549,
550 et 2268 du même code, en ce que la cour
royale les avait condamnés à la restitution des
fruits par eux perçus, sans déclarer qu'ils étaient
de mauvaise foi.

» M. le conseiller rapporteur a présenté sur le
moyen principal les observations suivantes :
d'après les demandeurs en cassation, un texte
exprès de la législation accorde à la simple inon-

dation une plus ou moins longue durée, l'effet d'assurer à l'état le terrain par elle occupé, comme un lit véritable de rivière ; mais il faut reconnaître au contraire que, soit sous l'ancienne, soit sous la nouvelle législation, il y a toujours eu une grande différence entre le changement de lit et l'inondation. Par le premier, le domaine public, devenu propriétaire du lit nouveau, à la retraite des eaux, le cède à qui bon et juste lui semble. Les romains le cédaient aux riverains ; le législateur français le cède à l'ancien propriétaire, art. 5 63 556 et 557 Code civil. Par l'inondation au contraire, rien n'est changé. Le terrain inondé ne perd point sa nature ; il demeure toujours la propriété de son ancien propriétaire, et à la retraite des eaux, celui-ci ne doit rien demander, parce qu'il n'a rien perdu ; il retient ce qui n'est jamais sorti de son domaine. *Aliud sanè est, si cujus ager totus inundatus fuerit ; namque inundatio speciem fundi non mutat ; et ob id cùm recesserit aqua, palàm est ejusdem esse cujus et fuit.* — L. 7, § 6, *ff. De acq. rer. dom.*

» L'art. 557 code civil, invoqué par les demandeurs en cassation, n'adjuge aux riverains que les relais que forme l'eau courante qui se retire insensiblement, non pas des terres inondées, mais bien de l'une des rives, en se portant sur l'autre. Vous l'avez ainsi décidé par votre arrêt du 26 juin 1833. Ni l'ancienne ni la nouvelle législation n'ont déterminé les caractères particuliers, spéciaux et constitutifs, soit de l'inondation, soit du changement du lit du fleuve ; mais les jurisconsultes n'ont pas manqué de les indiquer. Ce n'est pas du plus ou du moins long espace de temps du débordement , mais bien de son origine et de sa cause, qu'ils en ont fixé la nature. S'agit-il d'une cause perpétuelle, permanente, telle qu'un bouleversement de terres, une nouvelle embouchure d'une rivière ? Il y a alors un nouveau lit de rivière. S'agit-il d'une cause accidentelle et passagère, telle qu'une rupture de digue , de contrevers, d'attérissemens dans l'ancien lit ? Il y a simple inondation, quelque temps qu'elle ait duré. Scheider , Harprecht ; vol. 1 , pag. 348 , § 2 , Voët , *de acq, rer. dom.*, § 18 , 19.

« Soit sous l'ancienne, soit sous la nouvelle législation, équivalant une longue inondation à un changement de lit, quel texte exprès à la retraite des eaux, accordait anx riverains, et non pas à l'ancien propriétaire, le terrain resté de nouveau à découvert? Sans doute la loi romaine l'accordait, par une compensation peut-être non bien entendue, aux premiers; mais en France, par un principe bien plus équitable, si un fleuve se forme un nouveau cours, en abandonnant son ancien lit, la loi cède au propriétaire du fonds nouvellement occupé l'ancien lit de la rivière, sur lequel il n'a évidemment aucun droit (art. 563 Cod. civ.); mais d'après ce même article, elle lui refuserait son propre terrain redevenu sec, qui lui était assuré par le principe sacré de la propriété. D'après cela, ne vous paraît-il pas que la partie du moyen tirée de la prescription, en cas d'inondation, est mal fondée ?

» Quant à la partie du moyen, tirée de la nature du même terrain, rendu aux demandeurs, prétendue motte-ferme, il vous paraîtra peut-être que ce moyen ne rentre pas entièrement dans la discussion qui précède. *Motte-ferme*, se dit d'une partie d'un terrain appartenant en totalité au même propriétaire, laquelle partie, à la différence des autres parties du même terrain, n'a pas été inondée par les eaux. (M. Merlin, *Rép.*, v° *Motte-ferme*). Dans l'espèce, la partie contentieuse inondée, non-seulement n'appartenait pas aux demandeurs en cassation, mais elle était entièrement étrangère à leur acquisition, de manière que l'arrêt constate, en fait, qu'après la retraite des eaux, c'est cette même partie qui sépare la propriété des demandeurs en cassation du lit de la rivière.

» En droit, quel texte exprès de la loi accordait, même sous l'ancienne législation, aux riverains les parties de nouveau sorties de l'eau ? Ces parties, en général, dans ce cas, avaient toujours appartenu à l'ancien propriétaire ; seulement, d'après quelques coutumes, la contestation s'élevait, non pas entre l'ancien propriétaire et les riverains, mais entre le premier et le haut justicier ou l'Etat, et rien n'autorise les demandeurs à avancer que le terrain contentieux se trouvait sous l'empire de quelques-unes de ces coutumes. D'ailleurs, M. Merlin, invoqué par les demandeurs, termine sa discussion en disant que cette jurisprudence est implicitement abrogée par le Code civil , et depuis la promulgation de ce Code, les propriétaires de terrains inondés , pendant un temps quelconque , par le débordement d'une rivière navigable ou flottable , *en conservent la propriété* , non seulement lorsqu'il est resté motte-ferme , mais même lorsque la submersion a été complète ; l'art. 554 prouve que tel est l'esprit du Code.

» ARRÊT. — La cour...., sur le second moyen : attendu en droit, que sans s'occuper des effets qui, soit sous l'ancienne, soit sous la nouvelle législation , et notamment d'après l'art. 563 du Code civil , auraient pu résulter d'un changement de lit de rivière , relativement aux riverains et aux anciens propriétaires du terrain occupé par les eaux , il est certain qu'en cas d'inondation, de quelque durée qu'elle ait été , le terrain inondé ne change pas de nature, et il demeure toujours la propriété privée de son ancien maître, qui, par conséquent , à la retraite des eaux , ne fait que retenir ce qu'il n'a jamais perdu ;

» Attendu que la loi n'a pas déterminé ni pu déterminer les caractères, soit du changement du lit d'une rivière, soit de l'inondation, ces caractères dépendent exclusivement des circonstances de fait dont l'appréciation est confiée, par la loi, aux lumières et à la conscience des juges ;

» Attendu que, d'après ces circonstances, il a été reconnu, en fait, par l'arrêt attaqué, que dès qu'il n'existe point d'apparence d'un nouveau lit, dès que le fonds a toujours conservé sa nature primitive, on ne peut voir dans l'événement arrivé en 1789, qu'un impétueux débordement du fleuve, une vaste inondation causée par des bancs de sables mobiles, qui finissent toujours par se fondre, en plus ou moins de temps, et rendre au fleuve son libre cours ; que, dans ces circonstances, en maintenant d'Harcourt et consorts, en la propriété, et en les réintégrant en la possession et jouissancee de la prairie dont il s'agit, l'arrêt attaqué n'a violé ni les art. 556 et 557 du Code civil, invoqués par les demandeurs, ni aucune autre loi ; et il a fait, au contraire, une juste application des lois de la matière ;

» Attendu que c'est à tort que les demandeurs en cassation ont excipé , pour la première fois , devant la cour , d'une prétendue durée de l'inondation pendant plus de trente ans, d'où ils tiraient une prescription du terrain inondé , d'abord au bénéfice de l'état , et ensuite à leur propre profit ; en effet, il ne pouvait aucunement leur être permis de s'étayer devant la cour d'un prétendu fait , qui non seulement n'avait pas été reconnu ,mais même qui n'avait pas été discuté par les juges de la cause ; d'ailleurs, et en droit, attendu que, de quelque temps qu'ait été la durée du débordement , il demeure toujours constant que *inundatio speciem fundi non mutat , et ob id , cum recesserit aqua, palàm est (agrum) ejusdem esse , cujus fuit* ; d'où il suit, que le moyen était tout à la fois non recevable et mal fondé.

» Sur le troisième moyen : attendu , en droit , que le simple possesseur ne fait les fruits siens que dans les cas où il possède de bonne foi , et que le possesseur n'est de bonne foi que quand il possède comme propriétaire , en vertu d'un titre translatif de propriété dont il ignore les vices (art. 549 et 530 Cod. civ.);

» Attendu qu'il a été reconnu , en fait , par l'arrêt attaqué , que c'est par abus , sans droit et qualité , que les demandeurs en cassation se sont emparés de la partie de la prairie en question au procès ; que , d'après cela , en les condamnant à la restitution des fruits perçus depuis leur jouissance , le même arrêt , loin de violer les articles cités , invoqués par les demandeurs , en a fait un juste application , *rejette le pourvoi* , etc. »

Peut-être qu'on désirerait connaître les faits énoncés dans l'arrêt contre lequel le pourvoi a eu lieu ; mais nous avons pensé qu'il était plus intéressant de rapporter celui de la cour de cassation , qui établit un point de jurisprudence sur les trois questions que nous avons posées. D'ailleurs , il est facile d'en prendre connaissance dans le t. 35 , part. 2 , p. 19 de Sirey. Cet arrêt vient à l'appui de l'opinion qui avait déjà été émise par la cour de Toulouse , le 30 juin 1818 , suivant l'arrêt rapporté dans le *Mémorial de jurisprudence* , t. 2 , p. 343.

CHAPITRE IV.

DES ILES ET ILOTS , QUI SE FORMENT EN GÉNÉRAL
ET DE LEURS PROPRIÉTÉS.

Au premier aperçu , ce chapitre semble étran-
ger à l'objet qui nous occupe ; cependant il doit
en faire partie , parce que des îles et îlots peuvent dépendre des alluvions par la consistance
qu'ils acquièrent. En général les îles sont des

terres habitées ou inhabitées , qui s'élèvent du sein de la mer , au-dessus du niveau des eaux; mais les îles dont nous entendons parler , d'après les dispositions de nos lois , sont un espace de terre entouré d'eau de tout côté , et qui font partie du lit d'un fleuve ou d'une rivière , et les îlots sont de très-petites îles. Nous allons diviser en conséquence ce chapitre en deux sections : dans la première, nous traiterons des îles, et dans la seconde , des îlots, dont le tout se forme dans les fleuves et rivières , et peut donner lieu aux alluvions.

SECTION Ire.

DES ILES PROPREMENT DITES ET DES ILES FLOTTANTES , AINSI QUE DE LEUR PARTAGE.

Une *île* est une portion du lit même du fleuve ou de la rivière , dans lesquels elle s'est formée et que les eaux laissent à découvert, en s'élargissant d'un côté et d'autre. Toutes les îles doivent suivre le sort de la chose principale, c'est-à-dire que si elles se forment dans le sein des fleuves et des rivières navigables ou flottables, elles appartiennent au gouvernement : c'est une propriété de l'état. Dans ce cas, les propriétaires riverains n'y peuvent rien prétendre, à moins qu'ils n'aient obtenu en leur faveur une concession, qui ne peut être faite que par adjudication, d'après une ordonnance royale du 23 septembre 1823, rendue en forme de réglement, ou bien qu'ils aient une possession telle, qu'on puisse opposer la prescription, attendu que tout ce qui, de sa nature, est susceptible d'être possédé, peut se prescrire. Quoique par la nature des choses, les fleuves ne puissent être prescrits, néanmoins les îles qu'ils renferment peuvent l'être, parce que les morceaux de terre qui se placent au milieu, soit des fleuves ou des rivières navigables, peuvent appartenir à des particuliers.

Si un bras d'un fleuve, s'étant écarté de son lit ordinaire, avait pris son cours tout autour d'un champ, et en avait, par ce moyen formé une *île* , ce champ , depuis que le fleuve l'a entouré , étant toujours le même , continue d'appartenir à celui qui en était le propriétaire , car cette île n'est pas une nouvelle chose sans maître , et qui se soit formée par des attérissemens insensibles.

* On reconnaît encore une espèce d'*île*, qu'on appelle *île flottante* , qui se forme sur l'eau sans être adhérante au lit du fleuve : *Qui virgultis aut alia qualibet materia ità fustinetur in flumine ; ut solùm ejus non tangat , atque ipsa movetur.* (*Leg.* 53 , §. 2 , *ff. de acq. rer. dom.*) Ces îles étaient , par le droit romain , publiques ; mais, par notre droit français, elles appartiennent à l'état , qui peut les concéder, en vertu de l'art. 41 de la loi du 16 septembre 1807 , et de l'ordonnance royale du 23 septembre 1823 , déjà citée.

Les *îles* qui se forment dans les rivières *non* navigables, appartiennent aux propriétaires riverains des côtés où l'île s'est formée comme accessoire de la rivière ; car, bien que l'eau courante n'appartienne à personne , le lit de ces rivières n'en appartient pas moins aux propriétaires riverains , qui peuvent même se servir de l'eau à son passage, d'après l'art. 644 du Code civ.

* Si une île n'est pas formée d'un seul côté , elle appartient aux propriétaires riverains des deux côtés , à partir de la ligne qu'on suppose tracée au milieu de la rivière , et ils se la partagent, en prenant chacun la portion qui se trouve en face de leurs héritages. On peut consulter à cet égard les dispositions de l'art. 561 du Code civil. Nous observerons toutefois que ce partage ne doit se faire que dans la saison où les eaux sont à leur moyenne hauteur , pour procéder avec connaisance de cause. Mais si , depuis que le partage est effectué , l'île acquiert plus d'étendue en longueur , par alluvion ou autrement , alors la crue ou l'augmentation , quoique se trouvant en face d'un autre fonds , continue d'appartenir au propriétaire de l'île primitive , dont elle devient l'accessoire. Ce principe est conforme à la *loi 56, ff. de acquir. rer. dom.*

De même , si une île, se trouvant en entier d'un côté de la ligne de séparation de la rivière, a été adjugée en totalité aux proprtétaires riverains de ce côté, et qu'il s'en forme une nouvelle entre cette première île et le bord opposé, le point milieu de la rivière devra être pris à partir du bord de la première île, jusqu'au bord opposé, et la propriété de la nouvelle île devra être déterminée en conséquence. Cette opinion est fondée sur la loi 65, § 3, *ff. eod.*

Le propriétaire d'une île qui pratique des ouvrages *offensifs* pour réunir à son île un nouveau banc qui se forme dans la rivière, alors qu'il était seulement autorisé à construire des ouvrages défensifs, est passible d'amende, applicable par les conseils de préfecture, aux termes de l'ordonnance du 13 août 1669, et de la loi du 29 floréal an 10, non abrogées. Telle est la jurisprudence du conseil d'état, suivant une ordonnance royale du 23 août 1820.

Les communes ne peuvent réclamer une île, qui se serait formée dans le lit d'une rivière navigable, sous prétexte que c'est une terre vaine et vague, surtout si cette île a été, de toute ancienneté, en état de rapport. Ce principe se trouve fondé sur l'art. 8 de la loi du 28 août 1792, et l'art. 1er, section 4, de la loi du 10 juin 1793.

SECTION II.

DES ILOTS QUI SE FORMENT NATURELLEMENT OU QUI PEUVENT ÊTRE CONSIDÉRÉS COMME ALLUVION.

Les îlots sont des îles de peu d'importance, qui se forment dans les fleuves ou rivières sans jonction à aucun fonds riverain, et par des attérissemens qui peuvent être considérés comme alluvions; les règles que nous avons émises pour les îles sont applicables aux îlots; ainsi donc la propriété en est déterminée par la nature des lieux où ils se trouvent.

L'art. 560 du Code civil, dit que les îlots qui se forment dans le lit des fleuves et des rivières navigables ou flottables, appartiennent à l'Etat. L'art. 561 ajoute que les îlots qui se forment dans les rivières non navigables et non flottables, appartiennent aux propriétaires riverains; néanmoins il semble qu'on peut posséder des îlots dans des rivières navigables ou flottables, puisqu'un décret, du 18 août 1807 (1), a décidé

(1) *Voy*. Sirey, tom. 17, part. 2e, pag. 199.

que « les propriétaires riverains qui possèdent
» des îlots dans les rivières navigables ou flotta-
» bles , *ne peuvent* se prévaloir d'aucun droit ,
» soit pour joindre ces îlots à leur propriété , soit
» pour intenter des actions contre d'autres pro-
» priétaires riverains , à raison de ce qu'ils pré-
» tendraient être troublés dans leur possession. »
Cependant un arrêt de la cour de cassation, du
6 mars 1832 (1) , a déclaré , dans une espèce
où il s'agissait de savoir si le terrain litigieux
était une île ou *îlot* (l'attérissement étant formé
dans le lit de la Loire , qui , aux termes de l'art.
560 précité , appartiendrait à l'Etat), que cet
attérissement était une alluvion , s'étant formé
successivement et imperceptiblement aux fonds
riverains de ce fleuve , et devait profiter aux
propriétaires riverains, conformément à l'art. 556
du Code civil, et l'a adjugé à ces derniers comme faisant partie de leurs propriétés.

L'on voit que tout dépend des circonstances
dans lesquelles les propriétaires riverains se trouvent, et de la position des attérissemens que for-

____

(1) *Foy.* Datloz et Tournemine, *Journ. des Arréts,*
tom. 32 , part. 1re, pag. 244.

ment les *îlots*, lesquels peuvent établir quelques droits en leur faveur, pour pouvoir exercer les actions relatives à cet objet; car, lorsqu'après de grandes crues d'eau, les rivières qui s'écoulent, veulent fixer l'état de leur lit et rétablir l'équilibre entre l'action du courant et la résistance des matières qu'elles entraînent elles laissent apercevoir des attérissemens qui forment quelquefois des *îlots*, ou donnent naissance à des îles, et peuvent même devenir des alluvions; ce qui est démontré par l'arrêt que nous venons de citer.

*Enfin, il suffirait qu'un attérissement, formé insensiblement dans le lit d'un fleuve, *fut adhérant sous les eaux*, aux propriétés riveraines quoique formant un îlot, pour qu'il doive être considéré comme alluvion, ou que les dispositions de l'art. 561 du Code civil lui soient applicables : il est certain qu'aucune île ou îlot ne se forme que par l'attérissement qui s'est fait peu à peu sous les eaux; la seule distinction à faire dans ce cas, c'est celle de savoir s'il y a jonction de cet attérissement avec les propriétés riveraines, ou avec le lit du fleuve et dans l'intérieur du lit même , pour décider si c'est là un îlot ou une alluvion ; car il importe peu que l'eau qui a mis à découvert l'attérissement se soit retirée tout à coup , ou par un mouvement lent et progressif.

CHAPITRE V.

DES PROPRIÉTÉS RIVERAINES SUJÈTTES A L'AL-
LUVION.

Les propriétés riveraines peuvent être envisa-
gées sous diverses acceptions ; mais on a pu se
convaincre que nous n'entendons parler que de
celles qui bordent l'eau courante, qui, à cause
du contact ou frottement continuel qui se fait

avec ces eaux et les fonds riverains, donnent lieu aux alluvions. Pour bien se fixer sur la nature de l'alluvion, qui, en général, n'est autre chose que le terrain laissé à sec par les eaux qui se retirent, entendons l'orateur du gouvernement, M. Portalis, qui s'exprime ainsi : « Pour que l'alluvion » existe, il faut que l'accroissement ait été *successif et imperceptible* ; ces deux conditions sont » absolument indispensables. La nature, par une » opération si petite, semble s'être complue à gra- » tifier les fonds riverains de ce supplément de » richesse ; c'est en effet le fonds riverain qui » profite de l'alluvion.

Ces expressions, *il faut que l'accroissement ait été successif et imperceptible,* se trouvent déjà démontrées dans notre chap. II ; et il est certain qu'elles sont de la première importance ; aussi sont-elles ramenées dans l'art. 556 du Code civil, comme impératives, pour opérer l'alluvion.

Quoiqu'il en soit, M. Chardon, dans son Traité, nº 15, prétend que « le système adopté par le » Code est incomplet, et que son insuffisance le » met en opposition avec les principes fondamen- » taux du droit de propriété, comme avec ceux de

» l'équité naturelle.... L'alluvion qu'il définit est
» rare et toujours peu importante; celui d'une
» rivière qui tout-à-coup change son cours, et va
» se creuser un lit nouveau, est encore plus rare :
» tous ces cas sont prévus; mais celui qui, tous
» les hivers, et à chaque orage pendant l'été,
» s'opère, sur tous les cours d'eau, cette irrup-
» tion subite, qu'à chaque débordement ils font
» sur un de leurs bords, en se retirant de l'autre,
» et qui, en peu d'années, change en entier le
» lit d'un grand nombre, ce cas n'est pas explici-
» tement prévu.

» La même lacune existe dans les lois romai-
» nes, et c'est ce silence des lois anciennes et
» nouvelles sur l'attérissement subit qui a im-
» posé aux tribunaux la jurisprudence inflexi-
» ble, par laquelle ils refusent au riverain, dont
» le champ a été entraîné, même subitement,
» tout espèce de droit sur le bord opposé, lais-
» sant le propriétaire de ce côté jouir de ce
» dont sa rive s'est accrue aux dépens de son
» voisin; en sorte que ces belles définitions la-
» tines et françaises que nous avons sur l'alluvion,
» ne sont que de savantes inutilités. »

Il est certain que le législateur français n'a pas développé formellement le cas prévu par M. Chardon ; il a sans doute compté sur l'interprétation de la loi par les jurisconsultes ; mais nous croyons, par l'extension que nous avons donnée aux chapitres des *attérissemens* et *accroissemens*, avoir sufisamment démontré ce que cet auteur désire.

*Il existe deux sortes d'alluvion : la première est celle qui a lieu par des terres apportées successivement et imperceptiblement aux fonds riverains, suivant les dispositions de l'art. 556 du Code civil, et que le courant d'eau dépose, par le mouvement de son cours, qui peut être plus ou moins fort, suivant les crues des eaux qui dépendent de la généralité des pluies, de leur intensité ou de leur durée.

La seconde espèce est celle qui se forme aux dépens du riverain opposé, par des *relais* que forme l'eau courante qui se retire *insensiblement* de l'une de ses rives, en se portant sur l'autre, d'après l'art. 557 du même Code.

Nous allons traiter ces deux espèces d'alluvion dans deux sections, pour bien en démontrer les principes, et une troisième section en fera connaître la division. Suivant Henrys, tom. II, liv. 3., quest. 30, on peut faire encore une distinction entre l'alluvion qui se forme imperceptiblement, que l'on appelle, en droit, *incrementum latens*, d'avec celle qu'il suppose être apparente, et qui se fait par un débordement.

Jamais l'alluvion n'a lieu, à l'égard des relais de la mer, et dans les autres cas prévus par la loi, notamment par les art. 558, 559 et 563 du Code civil.

SECTION Ire.

DES ALLUVIONS QUI SE FORMENT NATURELLEMENT.

On appelle alluvion les attérissemens et accroissemens qui se forment naturellement, mais successivement et imperceptiblement, aux fonds riverains d'un fleuve ou d'une rivière. Cette alluvion profite au propriétaire riverain, soit qu'il s'agisse d'un fleuve ou d'une rivière navigable, flottable ou non, à la charge, dans le premier cas, de laisser le marche-pied ou chemin de hallage, conformément aux règlemens (1)

En effet, la qualité de riverain donne le droit de propriété sur l'alluvion. Le liv. II, tit. 1, § 20, *De alluvione*, aux *Institutes*, est ainsi conçu : *Prætereà, quod per alluvionem agro tuo flumen adjicit, jure gentium tibi acquiritur. Est autem alluvio incrementum latens. Per alluvionem autem id videtur adjici, quod ità paulatìm adjicitur, ut intelligi non possit, quantùm quoquo temporis momento adjiciatur.*

On doit considérer l'alluvion comme une véritable accession de terrain, et présumer que celui auquel elle a été faite, en a toujours été propriétaire. Les choses accessoires, d'après notre législation, doivent suivre la destination des choses principales. Dès lors, leur propriété doit être acquise au propriétaire du fonds principal auquel elle s'est incorporée (2).

L'héritage qui borde l'eau courante, le long des fleuves et rivières, est une propriété riveraine.

(1) *Voy.* le chap. 6, sect. Ire., § 3.
(2) *Voy.* l'art. 712 du Code civil.

L'influence de l'eau est sujette à beaucoup de variations. C'est par elle que l'alluvion se forme, à notre insu, jour par jour, par une augmentation de terres qui s'amoncellent insensiblement, ou qui sont déposées lors des débordemens sur les champs voisins, de manière que la jonction naturelle de ces terres avec notre champ, donne lieu à la maxime : *fundus fundo acrescit.*

Le même résultat peut provenir de l'eau qui tombe de la moyenne région de l'air, qui entraîne la superficie des terrains, sur lesquels la pluie s'est jetée en abondance, et par l'action de son courant qui se jette dans les ruisseaux ou rivières, laisse à découvert des limons ou attérissemens qui se joignent aux propriétés riveraines, et forment des alluvions à proportion que les eaux rentrent dans leur cours ordinaire.

SECTION IIe.

DES ALLUVIONS FORMÉES PAR LE RELAI DES EAUX QUI SE RETIRENT.

Nous avons suffisamment défini les alluvions; pourtant la loi reconnaît qu'il peut encore en exister, par des relais que forme l'eau courante, en se retirant insensiblement de l'une de ses rives pour se porter sur l'autre. Dans ce cas, le propriétaire de la *rive* découverte profite de l'alluvion, sans que le riverain du côté opposé y puisse venir réclamer le terrain qu'il a perdu. Cette espèce d'extension se manifeste à la suite de la retraite des eaux. De là, cette conséquence que tout propriétaire riverain peut se fortifier à son gré, pour éviter la perte de ce terrain ; mais non seulement il peut fortifier son fonds, pour le mettre à couvert contre le débordement des eaux, même encore pour se procurer un accroissement par alluvion ; pourvu toutefois que le propriétaire riverain ne détourne pas le cours du fleuve ou de la rivière, et ne le rejette pas sur l'autre rive. *Ripam suam adversùs rapidi amnis impetum munire, prohibitum non est.*

Ainsi le principe général est , que les propriétaires ont droit de faire des digues ou fortifications , au bord des rives et rivages (1). Nous entendons par rives ou rivages , d'abord , les bords d'un lac , d'un étang , d'une rivière ; et ensuite le bord d'un fleuve ou de la mer , c'est-à-dire , le terrain que l'eau couvre dans la plus haute marée : il faut faire une différence entre le rivage et le bord de ce rivage , c'est que celui-ci se trouve à *l'extrémité de la surface du bord* , et que le rivage embrasse au contraire , *tout l'espace qui s'étend jusqu'au bord.*

De cette définition dérive la conséquence des plantations qui peuvent être faites , pour maintenir les terrains qui sont au bord des 'courans d'eaux , en bon état. L'on peut voir la loi du 21 mai 1825 qui détermine le lieu des rives qui peuvent recevoir ces plantations ; à cet égard , le code forestier peut encore être consulté avec avantage , surtout lors qu'il s'agira da l'endigage ou fascinage à faire le long des fleuves et rivières , ce qui arrive surtout du côté du Rhin qui menace souvent sur plusieurs points, d'envahir les héritages riverains.

(1) *Voy*. le chap. Ier., § 2

SECTION IIIe.

DE LA DIVISION D'UNE ALLUVION ET LA MANIÈRE D'EN DISPOSER.

La loi ne parle point de la division à faire d'une alluvion , quoiqu'il soit établi des règles par les art. 561 et 563 du Code civil, qui peuvent servir de démonstration ; ainsi ce sera d'après l'étendue des propriétés riveraines , que l'opération du partage d'une alluvion devra avoir lieu , et chacun prendra la part qui lui sera assignée , mais qui se trouvera joignant son héritage.

« Le partage de l'alluvion , dit M. le baron Favard de Langlade (1) , quand elle correspond à plusieurs propriétés appelées à en profiter , donne souvent lieu à des difficultés sérieuses. Le partage se fera-t-il en prolongeant, jusqu'au fil de l'eau, les lignes plus ou moins obliques de démarcation des propriétés riveraines ? ou bien en partant de l'ancienne rive,

____

(1) *Voy.* Son *Répert.* , v° *Alluvion* , n° 6.

se redressera-t-on perpendiculairement au cours de la rivière? — Les difficultés sont encore plus graves dans le cas où l'ancien lit est abandonné. Le nouveau lit, formé par irruption, n'ayant jamais une superficie égale au lit abandonné, le Code a été obligé de prévoir que le partage de celui-ci serait fait proportionnellement au terrain perdu ; mais dans ce lit abandonné, il se trouve des positions plus ou moins avantageuses, et les experts ont souvent beaucoup de peine à proposer des enlatissemens qui conviennent à tous les intérêts .»

Nous engageons les co-propriétaires d'une alluvion à procéder au partage avec connaissance de cause, c'est-à-dire après qu'on aura fait faire une descente sur les lieux par des experts qui se seront convaincus de leur situation, et que par leur méthode mathématique, ils auront démontré géométriquement que telle ou telle part doit rester la propriété d'un tel. Cette opération doit être provoquée de suite qu'on s'aperçoit que l'alluvion existe, attendu qu'il peut augmenter au premier moment, et que cette augmentation, en lui donnant plus de consistance, peut donner lieu à de grandes contestations.

* Mais dans ce dernier cas, quelle est la loi qui doit régir le droit d'alluvion ; est-ce la loi en vigueur à l'époque où l'attérissement a commencé à se former, ou la loi existante lorsque l'attérissement a paru ? Nous soutenons que c'est la loi de l'époque où l'attérissement qui donne lieu à l'alluvion *a paru* ; attendu qu'on ne peut rien induire d'une chose non apparente et que, la plupart du temps, l'on ignore ce qui arrive dans ce cas, lorsque l'attérissement commence à se former, puisqu'il est presque toujours couvert par les eaux, et ne se montre que progressivement.

Une règle générale établie par la loi est qu'elle ne dispose que pour l'avenir, et qu'elle n'a point d'effet rétroactif ; cette règle paraît simple et facile à interpréter, néanmoins elle donne souvent lieu à de grands débats judiciaires, parce qu'il faut décider si c'est par la loi existante au moment de l'action ou par celle qui était en vigueur au moment de l'événement ; et comme plusieurs circonstances peuvent se présenter, pour donner lieu à la découverte de l'alluvion, c'est alors, et alors seulement que l'on connaît l'événement.

* S'il venait à s'élever quelques difficultés, toutes les actions relatives à la *propriété* d'une alluvion doivent être portées devant les tribunaux ordinaires ; il ne faut pas distinguer entre la qualité des parties, chacune est en droit de faire statuer sur ses prétentions respectives, devant ces tribunaux. Il en est autrement lorsqu'il s'agit de mesures d'administration publique, comme, par exemple, d'une alluvion qui se forme au bord d'un fleuve et se trouve utile au système de navigation; alors l'autorité administrative peut déclarer cette utilité, et ordonner qu'il sera pourvu à la consolidation et à l'extension de l'alluvion par des plantations et autres moyens en usage.

De ce principe on doit tirer la conséquence, que quoique l'on puisse disposer de sa propriété comme on le juge convenable, néanmoins, l'on est obligé de céder ses droits pour l'intérêt général. Une ordonnance du roi, rendue en conseil d'état du 2 février 1825 (1), semble confirmer notre opinion ; elle porte que : bien qu'aux

(1) *Voy*. Sirey, tom. 25, part. 2ᵉ, pag. 353.

termes de l'art. 556 du Code civil, l'alluvion profite au propriétaire riverain, et que toute propriété, aux termes de l'art. 544 du même Code, soit le droit de jouir et de disposer des choses de la manière la plus absolue, pourvu qu'on n'en fasse pas un usage prohibé par les lois ou les réglemens ; pourtant, le propriétaire riverain *ne peut* planter, sans autorisation, sur un terrain d'alluvion, des arbres ou autres objets, qui embarrassent soit le halage, soit la navigation, sous peine d'une amende et de voir détruire les objets ou plantations dont s'agit, aux termes du réglement du 23 juillet 1783, et de la loi du 29 floréal an 10, encore en vigueur.

CHAPITRE VI.

DES CHEMINS QUI BORDENT L'EAU COURANTE EN GÉNÉRAL.

Les chemins sont un espace qui mène d'un lieu à un autre ; mais nous devons faire une distinction de ceux qui bordent les eaux courantes, parce qu'ils sont sujets aux attérissemens ou accroissemens, et par conséquent aux alluvions.

4 *

Tous ces chemins n'ont pas la même dénomination, et c'est de là que vient la difficulté, pour savoir à qui doit appartenir l'alluvion ; les tribunaux ne sont pas d'accord à cet égard, et la jurisprudence n'est point encore fixée ; d'ailleurs, la loi garde le silence, et les jurisconsultes se contredisent. Cependant il est nécessaire d'avoir une base certaine. Nous désirons que l'opinion que nous allons émettre soit le sentiment général. Ce chapitre sera divisé en deux sections. Dans la première, nous traiterons des chemins sujets à l'alluvion, et dans la seconde section, de la propriété des chemins abandonnés le long des eaux, à l'égard de l'alluvion.

SECTION Ire.

DES CHEMINS SUJETS A L'ALLUVION.

Tous les chemins existant le long des courans d'eau, doivent être considérés comme faisant encore partie du fonds dont ils ont été extraits. Le droit de voisinage d'un fleuve ou d'une rivière étant privilégié, bien qu'il se rencontre un chemin quelconque entre le fonds d'un particulier et le bord de la rivière, si elle vient à former une alluvion ou à s'éloigner, ce qu'elle laisse joignant au chemin est acquis et appartient à celui qui confronte à ce chemin. C'est ainsi que l'ancienne jurisprudence l'a envisagé par arrêt, rendu en robe rouge, le 14 août 1597, par le parlement de Toulouse (1), entre Bertrand Cazenove et Gabriel Descorcelles, attendu que le chemin est censé faire partie du fonds voisin sur lequel on a pris le terrain pour le confectionner.

On opposera vainement que le terrain a été acheté et payé aux propriétaires, et que, loin d'occasionner la moindre incommodité, ces chemins leur offrent des avantages infinis. Sans doute, le terrain a été payé, mais si le chemin vient à être enlevé et envahi par les eaux, il faudra que le propriétaire riverain fournisse, de gré ou de force, un nouveau terrain, qui ne lui sera jamais payé sa valeur, comme cela a été fait une première fois. Ainsi donc, on lui por-

______

(1) *Voy.* Maynard, *quest.* de droit, tom. 2, pag. 538.

tera le plus grand préjudice, et ce préjudice ne peut être réparé par le chétif paiement qu'il aura reçu ; il faut encore à ce propriétaire un dédommagement, qu'il ne peut trouver que dans l'avantage que peuvent lui donner les eaux. Quant à celui que semble lui donner la construction de la voie publique riveraine, il n'en existe point, ou du moins cet avantage disparaît devant le préjudice qu'on lui a porté en ébréchant son champ, pour faire cette construction.

C'est cependant sur les avantages que procurent ces constructions riveraines que M. Chardon, p. 270 de son Traité, soutient que « partout » où une voie publique est sur le bord d'un » cours d'eau , la commune, le département ou » l'état, à qui le sol du chemin appartient, *est* » *riverain* du cours d'eau. Les art. 556 et 557 du » Code civil , donnent les alluvions et les relais » aux propriétaires riverains sans aucune excep- » tion ; en créer dans ce cas, c'est tomber dans l'ar- » bitraire. *L'alluvion appartient incontestable-* » *ment au propriétaire du chemin.* »

C'est ce dernier principe que nous contestons. Puisque la loi ne fait point d'exception, pourquoi

en faire dans la distinction des chemins qui bordent les courans d'eau ? Et quoique l'art. 556
porte : « à la charge de laisser le chemin de
halage, cela n'empêche point que ce chemin ne
puisse être *public*, et servir par conséquent à la
commune, au département et à l'état. C'est la
véritable interprétation des dispositions de l'article cité.

Nous pouvons appuyer notre opinion d'un
arrêt rendu par la cour de Toulouse, le 26
novembre 1812 (1), portant que « le sieur Marquet avait acquis en l'an 6, du baron de Blagnac, certains immeubles, bâtimens et fonds de
terre, dont une partie n'était séparée de la Garonne que par un chemin public.

» En l'an 11 , un attérissement se forma dans
le lit de la rivière, auprès du chemin, en face
des propriétés du sieur Marquet ; celui-ci y
planta quelques saules. Il jouissait paisiblement
de ce terrain depuis plusieurs années, lorsqu'en
1826, la commune de Blagnac, croyant avoir
droit à la propriété de l'attérissement, voulut

____

(1) *Voy. Mémorial de Jurisp.*, tom. 2, pag. 275.

s'en emparer ; mais à la suite d'une discussion au *possessoire* , il intervint un jugement qui maintint Marquet dans la possession de l'atté-rissement ou ramier, sauf à la commune à se pourvoir au *pétitoire* , ainsi qu'elle l'aviserait.

» C'est ce qu'elle fit ; après avoir obtenu l'autorisation administrative, une instance fut engagée devant le tribunal civil de Toulouse. La commune fondait ses prétentions, 1° sur une transation passée entr'elle et les prédéces-seurs de Marquet , dans laquelle ceux-ci avaient renoncé à leurs droits sur les îlots et attérisse-mens qui pourraient se former à l'avenir dans la Garonne ; 2° sur l'existence d'un chemin public, situé entre la rivière et les propriétés de Marquet ; circonstance qui, suivant la com-mune, était un obstacle à ce que ce dernier profitât de l'attérissement.

» Le sieur Marquet soutenait, 1° que la transaction n'avait été souscrite par ses pré-décesseurs qu'en leur qualité de seigneurs de Blagnac, et à raison des droits qu'ils avaient sur les îles, îlots et attérissemens dans l'éten-due de leur territoire, en vertu d'une concession faite par Philippe-le-Bel ; mais qu'ils n'avaient pas renoncé aux droits attachés à leur propriété et fonds de terre ; 2° que l'existence du chemin public entre ses propriétés et la rivière ne pouvait sous aucun rapport être un obstacle à ce qu'il profitât, par droit d'alluvion, de l'attérissement qui s'était formé en face de ses propriétés.

» Les parties n'étant point d'accord sur la situation des lieux, une descente d'experts fut ordonnée ; et, le 4 mai 1810, il intervint un jugement qui, faisant droit sur les demandes de la commune condamna le sieur Marquet à délaisser le ramier ou attérissement en litige. Marquet interjeta appel de ce jugement:

» Sur l'appel, les parties reproduisirent les mêmes moyens. Sur quoi arrêt par lequel.

» Attendu que les différens sur lesquels intervint la transaction du 25 janvier 1683, entre le sieur Charles Dumont, alors seigneur et baron de Blagnac, et la commune dudit lieu, n'ont absolument aucun rapport avec la question du litige actuel ;.... car pour que cette transaction pût être opposée au sieur Marquet, comme produisant une fin de non-recevoir contre sa demande ; il faudrait qu'il agit comme représentant les anciens seigneurs , et qu'il réclamât à ce titre la propriété de l'alluvion dont il s'agit. Or, ce n'est pas un pareil droit qu'il exerce ; c'est taxativement comme propriétaire riverain qu'il soutient que cette alluvion lui est dévolue. On ne peut donc lui opposer la transaction de 1683 , où le sieur Dumont traita, non comme simple particulier propriétaire des fonds limitrophes à la rivière, mais bien comme seigneur et baron de Blagnac , et prétendant, en cette qualité , à la propriété générale des îles, îlots, attérissemens et ramiers, non par droit d'alluvion, mais par celui attaché à sa seigneurie.

» Attendu que la commune de Blagnac ne prétend avoir droit à l'alluvion dont il s'agit, qu'en se disant propriétaire du chemin qui longe les possessions de Marquet , et qui séparait ces possessions du fleuve avant qu'il se détournât dans son cours ; qu'aucun titre n'établit cette propriété en faveur de la commune ; que bien loin de là , tout justifie que ce chemin fut pris dans le temps, aux dépens des fonds des pré-

décesseurs de Marquet; en effet, il était consacré au service du halage, chose qui a été suffisamment prouvée dans les plaidoiries, et qui
résulte d'ailleurs d'une relation du sieur Dumas,
ingénieur, dont la commune a fait usage dans
sa défense. Or, suivant les dispositions de l'art.
7, tit. 8, de l'ordonnance de 1669, les propriétaires des fonds longeant les rivières navigables étaient tenus de laisser le long des bords
vingt-quatre pieds, au moins de place en largeur pour chemin royal et trait de chevaux.

» Jusque-là, la présomption de droit est que
les prédécesseurs de Marquet, satisfirent dans
le temps à cette obligation que la loi leur im-
posait, et fournirent ainsi aux dépens de leurs
fonds, au chemin de halage; mais cette présomption s'érige en certitude, lorsqu'on observe
qu'il résulte du procès-verbal de l'expert Frui-
tier, que le terrain possédé aujourd'hui par
Marquet a une contenance moindre que celle
qui lui était assignée par les anciens cadastres.
Or, quelle cause assigner à ce déficit de contenance, sinon l'ébranchement opéré sur ce terrain pour la fourniture du chemin de halage?

Jusque-là donc, la prétention de la commune pêche par l'unique fondement qu'elle lui a donné, savoir : son prétendu droit de propriété au chemin dont il s'agit ; mais, abstraction faite de la fin de non-valoir qui la repousse : *il est de principe que l'existence d'un chemin* PUBLIC *entre les fonds d'un particulier et le lit d'une rivière , ne fait point obstacle à ce que ce particulier profite des alluvions qui se forment au-delà du chemin.*

« Le droit du sieur Marquet à l'alluvion dont il s'agit étant ainsi établi c'est le cas, en réformant le jugement dont est appel, d'accueillir les conclusions par lui prises.

« D'après ces motifs, la cour, disant droit sur l'appel, réformant le jugement attaqué ; vu ce qui résulte des actes du procès, sans s'arrêter à la transation passée le 25 janvier 1683, entre la commune de Blagnac, et le sieur et dame Dumont, seigneurs de ladite commune à cette époque, comme cette transaction n'ayant aucun rapport à l'objet de la contestation des parties ; moyennant ce, a relaxé et relaxe ledit Marquet de la demande contre lui formée , en

délaissement de l'attérissement qui s'est insensiblement formé vis-à-vis de ses possessions,
et qu'il a complanté en ramier, tel qu'il est
limité et confronté dans les actes du procès ;
ce faisant, maintient ledit Marquet dans la propriété, possession et jouissance dudit ramier,
avec défenses à la commune de Blagnac, et à
tous autres, de le troubler dans cette propriété,
possession et jouissance, etc. »

Telle est la nouvelle jurisprudence, confirmée par un grand nombre d'autres arrêts, notamment par celui du 5 juillet 1833, rendu par
la cour royale de Montpellier (1), qui après avoir
rapporté les faits de la cause dit :

« Attendu que...., dans les lois même qui
constituent les chemins de hallage, ils sont dé-
nommés *chemins royaux, dénomination bien
équipollente sans doute à celle de chemin
public* ; que leur destination de halage, n'empêche point qu'ils ne puissent servir à d'autres
besoins. » Ce qui démontre parfaitement que le
législateur n'a pas entendu, en parlant du mar-

(1) *Voy. Mémorial de Juris.*, tom. 27, pag. 412.

che-pied ou chemin de halage, exclure ce chemin d'un usage général comme serait une route, et que c'est ainsi qu'il faut interpréter la jurisprudence.

Enfin, nous pourrons citer beaucoup d'autres autorités qui embrassent notre système : nous allons faire connaître l'opinion de M. Pailliet (1); il s'exprime en ces termes :

« Si, entre un héritage et la rivière, il se trouve
» *un grand chemin*, cette circonstance n'enlève
» pas à l'héritage le plus voisin le bénéfice de l'al-
» luvion, parce que le chemin n'est considéré lui-
» même que comme une empiétation sur la pro-
» priété limitrophe ; étant annexé à cette pro-
» priété, il ne la divise pas de la rivière. Il
» en faut dire autant d'un fossé, d'un rivage,
» d'une aqueduc, etc., par la raison que, quoi-
» que leur usage soit public, la propriété réside
» néanmoins sur la tête des maîtres des fonds
» auxquels ils sont inhérens ; ils ne forment
» pas de séparation du fonds, quoiqu'ils
» se divisent en deux. *Si via media esset,*

(1) *Voy. Manuel de droit, fs.*, in-4°, note 5 de l'art. 556 C. civil.

» *jus alluvionis non impeditur. Fossæ et ripæ*
» *sunt eorum prædiis quorum adhærent, usus*
» *eorum est publicus.* »

Nous terminerons cette section par la démonstration de plusieurs chemins qui se trouvent
au bord de l'eau, tels que le chemin public
ou route royale, le chemin vicinal ou communal, et le chemin de halage ou marche-pied;
nous en donnerons la définition dans les trois
paragraphes suivans.

§ I.er

Des grands Chemins publics ou routes royales et départementales.

Les grands chemins publics sont des routes
royales ou départementales; ils se nomment ainsi,
parce qu'ils sont à l'usage de tout le monde;
ils servent à la circulation des personnes, des
animaux, des voitures, etc. Ce sont des routes, voies, ou espaces qui peuvent, par leur
situation, border un fleuve ou une rivière et
auxquels peut se former, comme nous l'avons

(94)

déjà démontré ; une alluvion , qui d'après les dispositions bien entendues du § 2, de l'art. 556 du Code civil, doit appartenir au propriétaire riverain , c'est-à-dire à celui qui possède l'héritage qui se trouve de l'autre côté du chemin.

§ II.

Du Chemin vicinal ou Communal.

Le chemin qui sert à la communication générale des habitans d'une commune , s'appelle *chemin vicinal* ou *communal;* il peut encore avoir la même situation que nous avons prévue pour le précèdent , de manière que par les courans d'eau qui le bordent, il peut éprouver l'avantage d'un attérissement ou accroissement , qui par le fait ne sera autre qu'une alluvion. Dans ce cas notre opinion se trouve déjà fixée : c'est toujours le propriétaire riverain qui doit en profiter.

On peut nous opposer un arrêt de la cour de cassation , du 12 décembre 1832 (1), qui a

(1) Voy. **Sirey** , tom. 33 , part. 1re , pag. **6.**

décidé que les communes ont seules la propriété des attérissemens ou accroissemens contigus à un chemin vicinal riverain d'un fleuve, à l'*exclusion* du propriétaire du fonds riverain situé de l'autre côté du chemin; il a été rendu entre la commune de Roques et Guittard, *qui ne s'est point défendu.*

Nous contestons à cet arrêt le principe que les communes étant propriétaires des chemins vicinaux.... *ont seules la propriété des attérissemens ou accroissemens qui se forment par alluvion, à ces chemins,* parce qu'il faut faire une distinction des chemins vicinaux qui bordent les eaux, d'avec ceux qui servent simplement à la communication générale des habitans des communes; ceux-ci ne sont pas exposés à être emportés par une irruption des eaux, comme le sont les premiers. Alors le propriétaire de l'héritage contigu au chemin qui ne sert qu'à la simple communication, n'a rien à craindre pour sa confection; s'il vient à être dégradé, ce ne sera pas aux dépens de sa propriété qu'il sera réparé, parce qu'il n'aura pas changé de position, comme risque de l'être le chemin qui se trouve au bord de l'eau, qui peut être enlevé en entier et composé de nouveau aux dépens de l'héritage du riverain. C'est là une conséquence qu'on doit tirer de la situation des lieux, ce qui se trouve implicitement consacré par un arrêt rendu par la cour de cassation, le 11 août 1835, entre les époux Delpy et Puissegur (1). Il est ainsi conçu :

« La dame Delpy possède une pièce de terre qui touche immédiatement à un chemin public pratiqué sur les bords du Tarn. Ce chemin fut emporté par l'impétuosité du fleuve. Les propriétaires d'un moulin auquel conduisait le chemin détruit, en pratiquèrent un nouveau sur la pièce de terre de la dame Delpy. En 1831, celle-ci assigna ces propriétaires pour les faire condamner à délaisser le terrain qu'elle prétendait avoir été usurpé sur elle, ou, en tout cas, à l'indemniser dans la portion de la valeur de ce même terrain. Jugement qui repousse la demande.

(1) *Voy. Mémorial de Jurisp.*, tom. 31 , pag. 434.

« Le 5 juillet 1834, arrêt de la cour de Toulouse, ainsi conçu :

« Attendu que le cadastre de la commune de
Confolens, donnant pour confront aux propriétés des appelans, le chemin déjà désigné, ce
chemin, par cette simple désignation, doit être
nécessairement placé dans la classe des voies
publiques ; s'il n'avait point ce dernier caractère, il n'aurait dû être désigné que sous le
nom de chemin de service, sans aucune indi-
cation ni du lieu d'où il part, ni de celui où
il va aboutir ; — Attendu que ce chemin étant
expressément désigné comme devant aboutir au
moulin de la Fronde, ne peut évidemment conserver cette destination qu'autant qu'il facilite
les communications jusqu'à ce dernier point ;
que, dès lors, si, par un événement de force
majeure ou un cas fortuit, il a été détruit en
partie, il ne s'agit plus que d'examiner si les
appelans doivent supporter les suites de ce réta-
blissement ; — Attendu que les textes les plus
précis du droit romain ne laissent aucun doute
à cet égard, la loi 14, au ff. *quemadmodum
serv. amitt.* s'exprime, en effet, ainsi : *Cum*

5

via publica vel fluminis impetu vel ruinâ amissa est, vicinus proximus viam præstare debet, décision que sa sagesse et son équité ont faite adopter par notre droit, ainsi que le constatent ces expressions de Domat (de la Vente, sect. 13, n° 8): Si, par quelque cas fortuit, comme un débordement, un chemin public est emporté ou rendu inutile, les voisins doivent le chemin, mais sans pouvoir vendre ce qu'ils perdent; car c'est un cas fortuit qui fait un chemin de leur héritage, et cette situation les engage à souffrir cet événement. Vainement objecterait-on que, d'après les principes vivans de notre droit civil ou politique, la propriété privée ne peut recevoir aucune atteinte que dans le cas où il y a nécessité dans l'intérêt de tous, et sans une préalable et juste indemnité, puisque ces principes, constans même sous le droit qui a précédé nos nouvelles institutions politiques, et le Code civil, n'ont porté nulle atteinte aux modifications que l'intérêt du voisinage ou la situation des lieux peut faire subir aux propriétés privées ;

« Par ces motifs, la cour confirme.

« Pourvoi en cassation, pour fausse application de la loi romaine et des anciens principes
du droit français, et pour violation de la loi du
28 septembre 1791, titre 1er, sect. 6, art. 2
et 3, et de l'art. 538 du Code civil.

« Ce moyen consistait à soutenir que la nouvelle législation avait complètement changé les
principes sur la matière ; que, d'après la loi du
28 septembre 1791, les chemins publics, vicinaux et communaux, appartiennent aux communes; que leur entretien et leur remplacement sont à la charge des habitans ; que c'est
ce qui a été reconnu dans la discussion à laquelle
a donné lieu au conseil d'Etat la rédaction de
l'art 538 du Code civil ; que c'est enfin ce
que la cour de cassation a consacré elle-même
par un arrêt récent de cassation. (Dalloz,
tome 33.)

« L'avocat de la demanderesse terminait sa
discussion, en faisant remarquer qu'il ne s'agissait pas, dans l'espèce, d'un chemin de halage que le propriétaire riverain est obligé de
fournir pour l'utilité publique, sans avoir droit
à aucune indemnité, mais bien et uniquement

d'un chemin vicinal communal ; qu'un chemin de cette nature, lorsque son remplacement devient nécessaire, ne peut être pris sur la propriété d'un particulier, qu'en lui accordant une juste et préalable indemnité. Or, l'arrêt attaqué, disait-on, a reconnu que le chemin dont il s'agit était une simple *voie publique communale*, puisqu'il n'a pas établi qu'il eût une destination d'intérêt général, telle que celle qui résulte d'un chemin de halage.

« Arrêt. — Attendu qu'il est constaté par l'arrêt attaqué, que le chemin confrontant aux propriétés de la dame Delpy, est un chemin public appartenant à la commune de Confolens, et que ce chemin a été envahi en partie par le débordement de la rivière du Tarn ; — Attendu que, suivant les principes consacrés par l'ancienne jurisprudence, auxquels il n'a pas été dérogé par la nouvelle législation, lorsqu'un chemin public est détruit par l'impétuosité d'un fleuve, ou par tout autre événement de force majeure, le nouveau chemin peut être pris sur les héritages voisins ; — Attendu que si la femme Delpy se croyait fondée à réclamer une indemnité pour la valeur de la langue de terre qui lui appartient, et qui a été employée à la formation du nouveau chemin, c'était contre la commune, propriétaire dudit chemin, que son action devait être intentée. Que, dans cet état, l'arrêt attaqué, en déboutant la femme Delpy de la demande en délaissement et en indemnité par elle formée contre les propriétaires du moulin, n'a violé aucune loi, et n'a fait qu'une juste application des principes de la matière ; *la cour rejette.* »

Nous devons faire remarquer, que quoique cet arrêt ait rejetté le pourvoi, néanmoins *il laisse la voie ouverte à une action nouvelle,* parce que celle qui avait été intentée ne l'avait pas été contre qui de droit.

§ 3e.

Des Chemins de halage ou marche-pied.

Les chemins établis pour tirer les navires, bâteaux et autres objets sont publics, et se nomment chemin de halage ou marche-pied, parce qu'ils servent aux marins pour hâler avec des cordes, le long des fleuves et rivières navigables ou flottables. Ces chemins doivent avoir un espace de vingt-quatre pieds en largeur, et les propriétaires riverains profitent de l'alluvion qui aurait lieu ; néanmoins, ils *ne peuvent*, d'après les règlemens, avoir des arbres, haies ou clôtures quelconques plus près de la rivière qu'à une distance de trente pieds du côté où les bâteaux se tirent, et de dix pieds de l'autre bord (1). Le chemin de halage dont est question, n'est pas toujours considéré propriété publique ; il est censé, jusqu'à preuve contraire, appartenir aux propriétaires riverains. L'état ne jouit de ce chemin qu'à titre de servitude légale. Il doit même indemniser ces derniers s'ils le demandent.

Si le fleuve ou la rivière viennent à se retirer, le droit de servitude sur l'ancien chemin de halage s'évanouit, et les propriétaires riverains en recouvrent la jouissance, en laissant toujours un chemin semblable, qui est pris alors sur le terrain abandonné par les eaux.

______

(1) *Voy*. notre bibliothèque de droit et de jurisp., v° *halage*.

Il n'y a point de difficulté pour accorder l'attérissement ou l'alluvion au propriétaire riverain qui possède des propriétés de l'autre côté
du chemin de halage ou marche-pied; mais
nous croyons également qu'on ne doit point
faire de différence des chemins publics et communaux , comme nous l'avons déjà dit , attendu que l'art. 556 du Code civil ne fait
pas de distinction entre les chemins qui bordent les fleuves et rivières; il se borne à dire
que « l'alluvion profite au *propriétaire riverain*,
» soit qu'il s'agisse d'un fleuve ou d'une rivière
» navigable, flottable ou non, à la charge, dans
» le premier cas, de laisser le *marche-pied ou*
» *chemin de halage* »; ce qui laisse au propriétaire riverain toute la latitude possible pour
profiter de toutes les alluvions, en laissant le
chemin prescrit, s'il est nécessaire ; et dans ce
dernier cas, il est dû une indemnité qui doit
être réglée par l'administration et non par les
tribunaux , d'après une ordonnance royale, rendue en conseil d'Etat, le 25 août 1835, rap-
portée par Sirey, tome 35, part. 2ᵉ, pag. 538.

SECTION 2.

DE LA PROPRIÉTÉ DES CHEMINS ABANDONNÉS LE LONG DES EAUX A L'ÉGARD DE L'ALLUVION.

Il y a plusieurs chemins qni se trouvent au bord des courans d'eau qui n'appartiennent à personne, qui sont une libéralité de la loi, et dont on ne fait usage que par occasion, il en existe même qui sont abandonnés par l'état, les départemens ou les communes. S'il vient à se former quelque attérissement ou accroissement le long de ces chemins, par une jonction insensible, ils doivent appartenir, *non* à celui qui s'est emparé du chemin, mais bien au propriétaire riverain qui se trouve avoir des propriétés de l'autre côté de ce chemin.

Telle est l'opinion générale que nous avons manifestée dans cet ouvrage, à l'égard des alluvions qui se sont formées au bord des chemins qui se trouvent situés le long des fleuves et rivières. D'ailleurs, c'est une conséquence obligée de la protection que la loi doit accorder à l'agriculture.

Mais si celui qui s'est emparé du chemin dont s'agit, en jouit depuis long-temps ; qu'il l'ait cultivé, et en ait prescrit la propriété par sa possession, dans ce cas, il est devenu propriétaire riverain, et a seul droit aux attérissemens ou accroissemens qui forment l'alluvion. On doit considérer que la culture a fait fertiliser la terre de ce chemin, et que, dès lors, il a perdu son véritable caractère.

Du reste, il est naturel de penser qu'un chemin duquel on ne peut plus faire usage, à cause des travaux qu'on y a faits, doit profiter de tout ce qui lui advient.

PRÉCIS ET JURIDICTION.

Il est généralement essentiel de connaître l'ensemble d'un ouvrage par ses parties principales, pour en mieux sentir l'ordre et la suite. C'est ainsi que la résolution du magistrat devant lequel on fait valoir ses droits, se forme, surtout quand elle est appuyée sur les sentimens d'une autorité.

Après qu'on se sera pénétré de tout ce qui est défini dans cet ouvrage, et de sa précision, s'il venait à s'élever quelques contestations entre les cointéressés à *la propriété* d'une alluvion, ceux-ci doivent se retirer devant les tribunaux ordinaires, qui, *seuls*, peuvent rechercher dans les faits et circonstances, des élémens de décision, et les apprécier, quelles que soient les qualités des parties intéressées, comme nous l'avons déjà dit. Mais l'examen des titres, des enquêtes, et la descente sur les lieux, sont les moyens les plus sûrs que le juge doit employer pour se convaincre de la vérité.

* La descente ou visite est une voie que les tribunaux emploient ordinairement pour se procurer des lieux contentieux une connaissance entière et exacte, sans laquelle ils ne pourraient décider la contestation qui se présenterait.

Cependant, d'après les dispositions de l'art. 295 du Code de procédure civile, cette descente *ne peut* être ordonnée, si le tribunal n'en est requis par l'une ou l'autre des parties; mais nous croyons que, s'agissant ici de l'effet d'un cours d'eau, qui a produit, sur le terrain contigu, plus ou moins de préjudice ou d'avantage au propriétaire riverain, l'accès des lieux est indispensable, et le tribunal peut l'ordonner d'office, même le transport du tribunal en entier, si l'objet du litige le requiert, suivant un arrêt de la cour de cassation, du 9 février 1820 (1), rendu entre Faurés et Vallat.

On dira vainement que le juge ne peut jamais faire les fonctions d'expert. Sans doute. Mais qui empêche le tribunal de s'adjoindre un expert ou d'ordonner au préalable une expertise, s'il le croit nécessaire ? d'ailleurs, la descente a des règles et des formalités qui fournissent aux parties les moyens de faire des observations au juge qui y procède.

Néanmoins, le juge doit être défiant et se prémunir contre les documens produits par les parties, même contre les rapports d'experts, qui peuvent ne pas avoir bien apprécié les localités ou avoir été entraînés par des considérations; dans tous les cas, la présence du juge en impose, il peut faire entendre raison aux parties, et, par là, éviter de grandes contestations.

* Enfin, le juge qui a cette vertu morale qni caractérise tout homme de bien, ne doit rien négliger pour éclairer sa conscience, et peut fonder

(1) *Voy.* le *Jour. des Audiences*, 1820, pag. 137.

sa décision sur de simples présomptions, qui seraient de nature à porter la lumière et la conviction dans son esprit. Cette décision doit être exécutée lorsqu'elle a été compétemment rendue. Dans le cas contraire, et avant de se pourvoir contre, les parties doivent examiner si elle est fondée sur une règle d'équité, et le sentiment intérieur de la conscience du juge, qui, par une juste interprétation de la loi et des principes, ne peut que faire ressortir la vérité, et rendre à chacun ce qui lui appartient : alors elle devrait être respectée.

DISSERTATION

De l'origine des eaux courantes et de l'usage qu'on peut en faire.

Le principe des eaux n'est pas sans intérêt ; quant à leur usage, la loi veut que celui dont la propriété borde une eau courante, puisse s'en servir à son passage (art. 644, Code civil). Nous fairons connaître les droits acquis aux propiétaires riverains par cette disposition ; car elles sont si utiles qu'il ne suffit pas de pouvoir s'en servir , il faut encore savoir de quelle manière (1).

Les premières sources des eaux courantes sont très petites : elles ne coulent ordinairement qu'à petits filets , ainsi que toutes les premières rigolés , qui , partant de tant de différentes parties, vont successivement former ou grossir une rivière : on les voit quelquefois, se distiller et couler goutte à goutte des cotes humides , des collines et des montagnes. Les

____

(1) *Voy. le Code rural ,* v° cours d'eau , *et l'art.* 2 *de la loi du* 15 *avril* 1829, *sur la péche fluviale.*

brouillards qui enveloppent ces montagnes y entretiennent une humidité perpétuelle, et tiennent lieu d'une pluie continuelle et invisible. Les concavités que l'on trouve sur la cîme des montagnes sont remplies par les grandes pluies, et la quantité de l'évaporation étant moindre que dans la pleine, fait qu'on y trouve toute l'année des lacs ; ce qui nous ferait croire qu'il y a dans les montagnes une quantité d'eau suffisante pour alimenter perpétuellement les sources des rivières, même dans le temps que les basses plaines éprouvent les plus grandes sécheresses.

Il existe certains endroits où la terre est tellement imbibée, et comme saturée d'eau, que s'y on y fait un creux, il se remplit tout-à-coup ; il est donc facile de concevoir que c'est de la croûte même de la terre d'où sortent petit à petit, et par tous les points de sa superficie, toutes les sources des eaux courantes.

*Les affluens des rivières commencent à différentes distances, et s'il arrive quelques crues, il ne faut les attribuer qu'à une pluie uniforme dans les montagnes, ou à une fonte de neiges subite. Les torrens, qui ont moins de chemin à parcourir pour arriver à un lieu déterminé , sont les premiers à y porter les grandes eaux , qui transportent ordinairement avec elles une grande quantité de matières , qu'elles déposent dans le lit ou au bord des rivière, où elles coulent par une pente naturelle, en s'éloignant de leur ORIGINE.

* Le propriétaire riverain dont l'eau traverse l'héritage , peut en user dans l'intervalle qu'elle y parcourt, mais à la charge de la rendre à son cours ordinaire (art. 644, § 2 , Code civil.) Il faut bien se garder de vouloir la dévier de son cours , car elle finirait par submerger toutes les propriétés environnantes. Le sénat romain voulait changer le cours d'une rivière dans le *Boulonais* , GUGLIELMINI fit un rapport par lequel il prouva que les plaines du Boulonais penchaient plus vers le nord (où se trouvait le lit de la rivière) qu'elles ne penchaient vers le levant. La raison physique qu'il donna de ce fait était prise de ce que ces plaines ont été formées par les alluvions des rivières, et qu'ainsi, elles ont suivi

les inclinations naturelles du lit que les eaux se sont formées et qu'il y aurait du danger de les détourner.

Mais il nous paraît facile de reconnaître la pente naturelle de l'eau courante, par le nivellement qu'on peut en faire. Ensuite, pour éviter que le terain où une rivière se trouve encaissée, ne s'éboule ou s'affaisse dessous l'eau, et qu'il ait plus de tenacité ou de consistance pour résister à l'impétuosité des eaux, il faut construire des chaussées inclinées et disposées en talus, afin qu'elles n'aient point de prise. Les propriétaires riverains peuvent aussi entretenir et réparer les bords des rivières, même y planter des arbrisseaux dans les angles et les sinuosités les plus irrégulières.

*Dans la commune de BOULBON, il existe une association des propriétaires riverains du cours du *Rhône*, qui s'est formée dans le but de garantir les propriétés, des irruptions de ce fleuve, au moyen de digues, chaussées, ou autrement. Nous engageons tous ceux qui seraient dans le même cas d'imiter ces propriétaires riverains.

Si l'on a à craindre les inconvéniens de l'eau courante, elle se trouve souvent bien désirée. En effet, ces ondes *pures*, qui ne coulent que pour nous désaltérer; ces mers qui embrassent l'univers pour faciliter notre commerce, et puis l'intérêt particulier est si actif, que celui qui a l'intention d'établir quelque usine, et qui a besoin de l'eau pour la mettre en activité, est bien aise de pouvoir en prendre; mais il trouve à chaque instant des difficultés inattendues, même celui qui veut l'utiliser pour tout autre objet.

* Pour lever ces difficultés, il nous paraît essentiel de bien distinguer les principes de la propriété de l'eau courante pour *l'usage qu'on peut en faire*, en ce qui est du domaine public avec le domaine privé.

Les fleuves et rivières navigables ou flottables, les rivages, lacs et relais de la mer, les ports, les hâvres, les rades, et généralement toutes les portions du territoire français qui ne sont pas susceptibles d'une propriété privée, sont considérés comme des dépendances du domaine public. Telle est la disposition de l'art. 538 du Code civil; ce qui laisse facilement apercevoir l'objet qui rentre dans le domaine privé.

*Néanmoins, si l'eau ne fait que border l'héritage d'un propriétaire, il peut seulement s'en servir au passage pour l'irrigation de ses propriétés. *Irrigare , aquam per rivos deducere.* C'est seulement faire des coupures à une rivière ou ruisseau, pour remplir des canaux ou rigoles pratiquées exprès ; mais il ne pourra en prendre que d'après ses besoins, parce que la loi veut concilier l'intérêt de l'agriculture avec le respect dû à la propriété (art. 645 Code civil).

Nous devons observer qu'il serait possible, dans le cas où un cours d'eau servirait de limite à deux propriétaires, que l'un d'eux en ait acquis la propriété exclusive ; dans ce cas, l'autre propriétaire n'aurait pas le droit d'y faire des coupures pour en prendre. Cependant, si les eaux passent sur son terrain, il pourra en user sans les absorber ; mais il peut les rendre en une moins grande quantité à leur sortie, car en général elles ne sont pas susceptibles d'une propriété privée.

Ainsi, les propriétaires riverains peuvent faire des prises d'eau dans les rivières non navigables ni flottables, en vertu du droit commun, sans en détourner ni embarrasser le cours d'une manière nuisible au bien général. Peu importe que, dans un canal de dérivation des eaux d'une rivière qui n'est ni navigable ni flottable, le nouvel œuvre ait été fait avec l'autorisation administrative ; car, s'agissant de ces sortes de rivières, l'administration n'agit que par voie de police sur les cours d'eau, pour prévenir les inondations.

*Il en est autrement, si la prise d'eau est faite dans un fleuve ou une rivière navigable ou flottable, et dans les canaux d'irrigation, pour toute personne qui désire former un établissement, tel qu'une chaussée permanente ou mobile, une écluse ou usine, batardeau, moulin, digue ou autre obstacle quelconque au libre cours des eaux, il faut avoir préalablement obtenu la permission de l'administration (1), qui ne

----

(1) *Voy.* l'arrêté annoté par M. Duvergier, du 19 ventôse an VI, rapporté à la fin de cet ouvrage, avec la loi du 14 floréal an XI.

peut l'accorder que d'après l'autorisation de l'autorité supérieure et sur la demande en forme de pétition motivée et circonstanciée, adressée au préfet du département du lieu de l'établissement projeté ; le préfet ordonne le renvoi de cette pétition au maire de la commune, pour avoir son avis sur les convenances locales et l'intérêt des propriétaires riverains. Le maire doit prendre à cet égard, les mesures qui lui sont prescrites, pour obtenir tous les renseignemens convenables, et mettre les intéressés à même de former leurs réclamations.

C'est après toutes ces formalités, et un avis motivé du préfet, que le ministre de l'intérieur soumet au roi, *s'il y a lieu*, la demande dont il s'agit, et que l'autorisation est accordée ou refusée.

* Si l'ordonnance qui autorise l'établissement sur un cours d'eau prescrit certaines mesures dans l'intérêt public, elle n'est pas susceptible de recours de la part du concessionnaire (1); mais

(1) *Voy*. Cotelle, *Cours de droit*, tom. 2, pag. 320, *et la jurisprudence du conseil d'Etat*, 1835.

les riverains qui ont à se plaindre de cet établissement, sont recevables à attaquer l'ordonnance
d'autorisation, par voie de tierce-opposition, devant le Conseil d'Etat, en la forme contentieuse,
et le préfet est compétant pour ordonner provisoirement les changemens nécessaires , jusqu'à
ce qu'il ait été définitivement statué.

Quoiqu'il n'appartienne qu'à l'autorité administrative d'accorder les autorisations nécessaires
pour établir des usines sur les cours d'eau ,
cependant c'est aux tribunaux de prononcer sur
les contestations élevées entre les propriétaires
riverains sur l'usage des eaux qui ne sont pas
du domaine public, et sur les entreprises d'un
propriétaire riverain au préjudice d'un autre
propriétaire.

*En conséquence, lorsqu'un particulier établit,
mais sans autorisation, sur un cours d'eau non
dépendant du domaine public, des ouvrages
tels que *barrages*, *vannes*, ou *martelières*,
nuisibles à des usines anciennement établies, les
tribunaux, bien qu'ils ne soient pas compétens
pour ordonner la réduction ou l'abaissement des
vannes, le sont pour ordonner la destruction

des ouvrages nouvellement construits, avec tous dommages-intérêts envers les parties lésées. C'est ainsi que la cour de cassation la décidé, le 30 août 1830, entre Bijaudy et Morel Jamet (1).

Il faut donc tenir pour certain que toutes les fois qu'une entreprise faite sur un cours d'eau, *même après en avoir obtenu l'autorisation*, est nuisible ou préjudiciable à un propriétaire riverain, celui-ci peut la faire révoquer.

Nous observerons qu'il ne faut pas confondre la manière de se pourvoir pour cette révocation ; car la demande doit être faite devant le conseil de préfecture, s'il s'agit d'une entreprise établie sur une rivière flottable ou navigable, à moins que les prétentions du réclamant ne fussent fondées sur des titres ; cas auquel les tribunaux seraient compétens, d'après les dispositions des lois des 12 novembre 1811 et 2 juillet 1812 ; parce que celui qui a obtenu

---

(1) *Voy. l'arrêt rapporté dans le journal de Jurisprudence de Dalloz et Tournemine, de* 1834, part. 1re pag. 402.

une prise d'eau ne peut en jouir qu'en se conformant aux clauses et conditions de l'acte de concession.

Mais, lorsqu'il s'élève quelque contestation entre particuliers, au sujet de l'usage d'un cours d'eau qui ne fait pas partie du domaine public, alors il est indispensable de soumettre ces contestations aux tribunaux ordinaires, et non à l'autorisation administrative ; les motifs d'utilité locale qui pourraient se rattacher à l'existence des moulins et usines ne sauraient changer la nature de l'action.

*Il faut remarquer que le loi punit d'une amende, qui ne pourra excéder le quart des restitutions et dommages-intérêts, ni être au-dessous de cinquante francs, les propriétaires ou fermiers, ou toute autre personne jouissant de moulins, usines ou étangs, qui, par l'élévation du déversoir de leurs eaux, au-dessus de la hauteur déterminée par l'autorité compétente, auront inondé les chemins ou les propriétés d'autrui (art. 457 du Code pénal).

Cet article ajoute même que s'il est résulté du fait quelques dégradations, la peine sera, outre l'amende, un emprisonnement de six jours à un mois. Mais pour qu'il y ait lieu à l'application de la peine prononcée par l'article que nous venons de citer, il faut que l'élévation du déversoir des eaux ait été portée au-dessus de la hauteur déterminée par l'autorisation accordée; et si l'autorité n'a pas déterminé cette hauteur, *alors il n'y a pas de délit.* Il y a seulement lieu à la réparation du dommage, qui ne peut être poursuivi que par action civile.

C'est ce que nous avons déjà fait observer; et nous ajoutons même encore qu'une ordonnance royale, rendu en conseil d'Etat, le 6 février 1822, a décidé que les contestations sur les cours d'eau, qui ont pour objet la police ou l'utilité commune et publique, seront jugées par l'autorité administrative, et que celles qui ont un intérêt privé, seront portées devant les tribunaux. Cette décision est fondée sur un décret du 12 avril 1812, inséré au *Bulletin des Lois*, et sur l'art. 645 du Code civil.

ARRÊTÉ

Concernant des mesures pour assurer le libre cours des rivières et canaux navigables ou flottables.

Du 19 ventôse an VI, *ou 9 mars 1798.*

Le directoire exécutif, vu, 1° les articles 42, 43 et 44 de l'ordonnance des eaux et forêts du mois d'août 1669, portant :

« Nul, soit propriétaire, soit engagiste, ne pourra faire moulins, batardeaux, écluses, gords, pertuis, murs, plants d'arbres, amas de pierres, de terres, de fascines, ni autres édifices ou empêchements nuisibles au cours de l'eau, dans les fleuves et rivières navigables et flottables, ni même y jeter aucunes ordures, immondices, ou les amasser sur les quais et rivages, à peine d'amendes arbitraires.... Enjoignons à toutes personnes de les ôter dans trois mois ; et, si aucuns se trouvent subsister après ce temps, voulons

6

qu'ils soient incessamment ôtés et levés aux frais
et dépens de ceux qui les auront faits ou causés, sur peine de cinq cents livres d'amende
tant contre les particuliers que contre les *fonc-
tionnaires publics* qui auront négligé de le
faire....

» Ceux qui ont fait bâtir des moulins, écluses, vannes, gords et autres édifices dans l'étendue des fleuves et rivières navigables et flottables,
sans en avoir obtenu la permission, seront tenus
de les démolir ; sinon, le seront à leurs frais
et dépens ;

» Défendons à toutes personnes de détourner
l'eau des rivières navigables et flottables, ou
d'en affaiblir et altérer le cours par tranchées,
fossés ou canaux, à peine, contre les contre-
venans, d'être punis comme usurpateurs, et
les choses réparées à leurs dépens ; »

2° L'article 2 de la loi 22 novembre = 1ᵉʳ
décembre 1790, relative aux domaines natio-
naux, portant que « les fleuves et rivières navigables, les rivages, lais et relais de la mer....
et, en général, toutes les portions du territoire
national qui ne sont pas susceptibles d'une pro-

priété privée, sont considérées comme des dépendances du domaine public ; »

3° Le chapitre 6 de la loi en forme d'instruction, du 12 = 20 août 1790, qui charge les administrations de département « de rechercher et indiquer les moyens de procurer le libre cours des eaux ; d'empêcher que les prairies ne soient submergées par la trop grande élévation des écluses, des moulins, et par les autres ouvrages d'art établis sur les rivières ; de diriger enfin, autant qu'il sera possible, toutes les eaux de leur territoire vers un but d'utilité générale, d'après les principes de l'irrigation ; »

4° L'article 10 du titre III de la loi du 16 = 24 août 1790, sur l'organisation judiciaire, qui charge le juge de paix de connaître, entre particuliers, « sans appel jusqu'à la valeur de cinquante livres, et à charge d'appel à quelque valeur que la demande puisse monter..... des entreprises sur les cours d'eau servant à l'arrosement des prés, commises pendant l'année ; »

5° L'article 4 de la 1re section du titre Ier de la loi du 28 septembre = 6 octobre 1791, sur la police rurale; portant « que nul ne peut se prétendre propriétaire exclusif des eaux d'un fleuve ou d'une rivière navigable ou flottable; »

6° Les articles 15 et 16 du titre II de la même loi, portant :

« Personne ne pourra inonder l'héritage de son voisin, ni lui transmettre volontairement les eaux d'une manière nuisible, sous peine de payer le dommage, et une amende qui ne pourra excéder la somme du dédommagement.

» Les propiétaires ou fermiers des moulins ou usines construits ou à construire, seront garans de tous dommages que les eaux pourraient causer aux chemins ou aux propriétés voisines par la trop grande élévation du déversoir ou autrement; ils seront forcés de tenir les eaux à une hauteur qui ne nuise à personne, et qui sera fixée par l'administration du département, d'après l'avis de l'administration de district : en cas de contravention, la peine sera une amende qui ne pourra excéder la somme du dédommagement; »

7° La loi du 21 septembre 1792, portant que « jusqu'à ce qu'il en ait été autrement ordonné, les lois non abrogées seront provisoirement exécutées ; »

Considérant qu'au mépris des lois ci-dessus, les rivières navigables et flottables, les canaux d'irrigation et de desséchement, tant publics que privés, sont, dans la plupart des départemens de la république, obstrués par des batardeaux, écluses, gords, pertuis, murs, chaussées, plants d'arbres, fascines, pilotis, filets dormans et à mailles ferrées, réservoirs, engins permanens, etc.; que de là résultent non-seulement l'inondation des terres riveraines et l'interruption de la navigation ; mais l'attérissement même des rivières et canaux navigables, dont le fond, ensablé ou envasé, s'élève dans une proportion effrayante ; qu'une plus longue tolérance de cet abus ferait bientôt disparaître le système entier de la navigation intérieure de la république, qui, lorsqu'il aura reçu tous ses développemens par des ouvrages d'art, doit porter l'industrie et l'agriculture de la France à un point auquel nulle autre nation ne pourrait atteindre ;

Considérant que, pour assurer à la républi_

que les avantages qu'elle tient de la nature et de sa position entre l'Océan, la Méditerranée et les grandes chaînes de montagnes d'où partent une foule de fleuves et de rivières secondaires, il ne s'agit que de rappeler aux autorités constituées et aux citoyens les lois existantes sur cette matière;

En vertu de l'article 144 de la constitution, ordonne que les lois ci-dessus seront exécutées, selon sa forme et teneur : et en conséquence,

Arrête ce qui suit :

Art. 1er. Dans le mois de la publication du présent arrêté, chaque administration départementale nommera un ou plusieurs ingénieurs et un ou plusieurs propriétaires pour, dans les deux mois suivans, procéder, dans toute l'étendue de son arrondissement, à la visite de toutes les rivières navigables et flottables, de tous les canaux d'irrigation et de desséchemens généraux, et en dresser procès-verbal, à l'effet de constater,

1° Les ponts, chaussées, digues, écluses, usines, moulins, plantations, utiles à la navigation, à l'industrie, au desséchement ou à l'irrigation des terres;

2°. Les établissemens de ce genre, les batardeaux, les pilotis, gords, pertuis, murs, amas de pierres, terres, facines, pêcheries, filets dormans et à mailles ferrées, réservoirs, engins permanens, et tous autres empêchemens nuisibles au cours de l'eau.

2. Copie de ce procès-verbal sera envoyée au ministre de l'intérieur.

3. Les administrations départementales enjoindront à tous propriétaires d'usines, écluses, ponts, batardeaux, etc., de faire connaître leurs titres de propriétés, et, à cet effet, d'en déposer des copies authentiques aux secrétariats des administrations municipales, qui les transmettront aux administrations départementales.

4. Les administrations départementales dresseront un état séparé de toutes les usines, moulins, chaussées, etc., reconnus dangereux ou nuisibles à la navigation, au libre cours des eaux, aux desséchemens, à l'irrigation des terres, mais dont la propriété sera fondée en titres.

5. Elles ordonneront la destruction, dans le mois, de tous ceux de ces établissemens

qui ne se trouveront pas fondés en titres , ou qui n'auront d'autres titres que des concessions féodales abolies (1).

6. Le délai prescrit par l'article précédent pourra être prorogé jusques et compris les deux mois suivants : passé lesquels, hors le cas d'obstacles reconnus invincibles par les administrations centrales, la destruction n'étant pas opérée par le propriétaire, sera faite à ses frais, et à la diligence du commissaire du Directoire exécutif près chaque administration centrale.

7. Ne pourront néanmoins les administrations

(1) Lorsqu'un moulin situé sur une rivière navigable a été supprimé, sans indemnité, par un arrêté du gouvernement qui a été immédiatement exécuté, le propriétaire actuel de l'emplacement du moulin , à qui l'autorisation de le rétablir a été refusée , ne peut demander à être indemnisé. (Ord. roy. du 13 juillet 1828). Macarel, tom. 10, pag. 539.

Lorsque la reconstruction d'une usine incendiée située sur une rivière navigable, a été refusée à son propriétaire , celui-ci n'est pas fondé à demander une indemnité sous prétexte qu'il a des droits acquis.

L'indemnité serait due s'il exhibait un ancien titre émané de l'autorité compétente (ord. roy. du 8 juin 1831 , Mac., tom. 13 , pag. 233.)

centrales ordonner la destruction des chaussées,
gords, moulins, usines, etc., qu'un mois après
en avoir averti les administrations centrales des
départements inférieurs et supérieurs situés sur
le cours des fleuves ou rivières, afin que celles-
ci fassent leurs dispositions en conséquence.

8. Les administrations centrales des départemens inférieurs et supérieurs qui auront sujet
de craindre les résultats de cette destruction,
en préviendront sur-le-champ le ministre de
l'intérieur, qui pourra, s'il y a lieu, suspen-
dre l'exécution de l'arrêté par lequel elle aura
été ordonnée.

9. Il est enjoint aux administrations centrales et municipales et aux commissaires du Directoire exécutif établis près d'elles, de veiller avec
la plus sévère exactitude à ce qu'il ne soit établi,
par la suite, aucun pont, aucune chaussée per-
mante ou mobile, aucune écluse ou usine, aucun
batardeau, moulin, digue, ou autre obstacle
quelconque au libre cours dans les rivières navigables et flottables, dans les canaux d'irrigation
ou de desséchements généraux, sans en avoir
préalablement obtenu la permission de l'adminis-

tration centrale , qui ne pourra l'accorder que de l'autorisation expresse du Directoire exécutif (1).

10. Ils veilleront pareillement à ce que nul ne détourne le cours des eaux des rivières et canaux navigables ou flottables , et n'y fasse des prises d'eau ou saignées pour l'irrigation des terres, qu'après y avoir été autorisé par l'administration centrale , et sans pou-

(1) Les administrations centrales ne peuvent accorder la permission d'établir un moulin sans l'autorisation expresse du gouvernement (ord. roy. du 31 décembre 1828 , Mac. 10 , tom.   , pag. 851.)

Lorsqu'un propriétaire d'usines , situées sur une rivière dépendant du domaine public , invoque un ancien titre d'autorisation pour conserver un attérrissement qu'il a augmenté par jet de matériaux, le conseil de préfecture est compétent pour examiner ce titre et décider s'il a contrevenu aux règles et conditions y prescrites. Il est aussi compétent pour vérifier si le fabricant a l'autorisation exigée par l'art. 9, pour établir sur cette rivière un lavoir mobile , ou bien si cette autorisation résulte du titre produit par lui (ord. roy. du 2 août 1826, Mac. , t. 8, p. 465)

Mais lorsque le propriétaire du moulin n'a pas rempli cette formalité, parce que le travail était commandé par la nécessité de conserver son établissement , dont le moindre retard aurait pu compromettre l'existence , il n'y a pas lieu d'ordonner la destruction des travaux et de condamner à l'amende (ord. roy. du 30 mai 1821 , Mac., tom. 1 , pag. 591.)

Lorsqu'un arrêté par lequel un préfet a reconnu qu'une rivière est flottable , n'est point attaqué, ce magistrat est

voir excéder le niveau qui aura été déterminé (1).

11. Les propriétaires de canaux des desséchemens particuliers ou d'irrigation ayant à cet égard
les mêmes droits que la nation, il leur est réservé
de se pourvoir en justice réglée, pour obtenir la
démolition de toutes usines, écluses, batardeaux,
pêcheries, gords, chaussées, plantations d'arbres,
filets dormans ou à mailles ferrées, réservoirs,
engins, lavoirs, abreuvoirs, prises d'eau, et

compétent pour dresser un règlement d'eau sur cette rivière
(ord. roy. du 28 août 1822, Mac., tom. 4, pag. 287.

Un canal qui dérive d'une rivière navigable, encore
que le canal ne soit pas navigable, il y a nécessité d'autorisation pour construire sur le canal, de même que
pour construire sur la rivière. Les contraventions rela -
tives au canal comme à la rivière, sont réprimées par le
conseil de préfecture (ord. du 7 avril 1825 et 17 août 1825,
Sirey, tom. 26 ; 2, pag. 541.)

L'orsqu'il y a contestation sur le sens de deux dispositions d'une ordonnance royale autorisant certains travaux sur une rivière navigable, le ministre de l'intérieur
ne peut, sans excès de pouvoir, s'arroger l'interprétation
officielle de l'ordonnance, et déterminer le sens des deux
dispositions prétendues contradictoires. L'interprétation
appartient exclusivement au roi en Conseil d'Etat (ord. roy.
du 8 avril 1829, S., 29, tom. 2, pag. 358.)

Les particuliers peuvent, dans leur intérêt purement
privé et indépendémment de l'intérêt public, de la navigation, du commerce et du flottage, requérir l'exécution des arrêts de conseil de préfecture qui ordonnent la
destruction des ouvrages construits sans autorisation (ord.
roy. du 20 juin 1821, Mac., tom. 2, pag. 97.)

(1) Lorsque l'existence de deux usines ne nuit pas à la

généralement de toute construction nuisible au libre cours des eaux et non fondée en droits.

12. Il est défendu aux administrations municipales de consentir à aucun établissement de ce genre, dans les canaux de desséchement, d'irrigation ou de navigation, appartenant aux communes, sans l'autorisation formelle et préalable des administrations centrales.

13. Il n'est rien innové à ce qui s'est pratiqué jusqu'à présent dans les canaux artificiels qui sont ouverts directement à la mer, et dans ceux qui servent à la fabrication des sels.

14. Le présent arrêté sera imprimé au Bulletin des lois, et proclamé dans les communes où les administrations centrales jugeront cette mesure nécessaire ou utile. Le ministre de l'intérieur est chargé de son exécution.

navigation, et qu'il ne s'agit que de régler entre les propriétaires l'usage des eaux, d'après les anciens règlemens, les titres et la possession, le préfet doit, avant d'ordonner, dans l'intérêt de l'un des propriétaires, la destruction d'une partie des ouvrages faits par l'autre, faire constater par une enquête régulière, l'ancien état des lieux (ord. roy. du 10 août 1828, Mac., tom. 10, pag. 611.)

Tout propriétaire d'usine qui, en exhaussant son barrage, s'est donné une plus grande chute d'eau au préjudice de ses voisins, doit être contraint à l'abaisser à son ancien repère reconnu (ord. roy. du 2 avril 1828, Mac., tom. 10, pag. 283.).

LOI

Du 14 floréal an XI (26 *avril* 1803.),

Relative au curage des canaux et rivières non navigables, et à l'entretien des digues qui y correspondent (1).

Art. 1er. Il sera pourvu au curage des canaux et rivières non navigables, et à l'entretien des

(1) Les propriétaires riverains d'un cours d'eau , quelle que soit leur position , sont tenus d'opérer le *curage* le long de leurs propriétés, lorsque la vase ou autres objets entravent le cours de l'eau , attendu qu'ils sont obligés de faire cesser tous les obstacles résultant du défaut d'écoulement de ces eaux , en opérant le *curage* d'après la largeur et profondeur observées antérieurement , à peine de dommages-intérêts envers les autres propriétaires riverains.

C'est devant les tribunaux ordinaires que la demande en dommages doit être portée , comme n'intéressant pas la généralité des riverains , et n'étant au contraire digues et ouvrages d'art qui y correspondent, de la manière prescrite par les anciens réglemens, ou d'après les usages locaux (1).

2. Lorsque l'application des réglemens ou l'exécution du mode consacré par l'usage des changemens survenus exigeront des dispositions nouvelles, il y sera pourvu par le gouvernement, dans un réglement d'administration publique, rendu sur la proposition du préfet du département, de manière que la quotité de la

---

qu'un intérêt privé résultant des contestations particulières qui s'élèvent sur l'exercice des droits que quelques propriétaires réclament en vertu de leurs titres, ou des dispositions de la *loi*, et par voie de suite. Ces tribunaux sont compétens pour ordonner le curage du cours d'eau qui a donné lieu à cette demande, malgré la disposition de la présente loi. (Voyez Dalloz et Tournemine, *Journ. des Arrêts*, tom. 32, part. 1re, pag. 176.)

(1) Une ordonnance royale du 26 décembre 1830, rendue en Conseil-d'Etat, a décidé que l'obligation de *recreuser des canaux* à une profondeur déterminée ne comprend pas l'obligation d'abaisser au même niveau les écluses de ces canaux. (Dalloz et Tournemine, *Journ. des Arrêts*, tom. 32, part. 3e, pag. 8.)

contribution de chaque imposé soit toujours relative au degré d'intérêt qu'il aura aux travaux qui devront s'effectuer (1).

3. Les rôles de répartition des sommes nécessaires au paiement des travaux d'entretien, réparation ou reconstruction, seront dressés sous la surveillance du préfet, rendus exécutoires par lui, et le recouvrement s'en opérera de la même manière que celui des contributions publiques.

4. Toutes les contestations relatives au recouvrement de ces rôles, aux réclamations des individus imposés et à la confection des travaux, seront portées devant le conseil de préfecture,

(1) Une ordonnance royale, rendue en conseil-d'Etat, le 1ᵉʳ mars 1826, a décidé que lorsqu'il a été procédé au curage d'une rivière et que la propriété d'un riverain a été omise aux dépens d'un autre, il y a lieu d'ordonner qu'elle sera portée sur le rôle de la contribution, et de dégréver d'autant le riverain le plus imposé (*Macarel*, *Recueil*, tom. 8, pag. 122.)

sauf le recours au gouvernement, qui décidera en Conseil-d'Etat (1).

Promulguée le 24 floréal an XI, Bulletin 278, Série 3, n° 2763.

(1) Une ordonnance royale du 25 mars 1835, rendue en conseil-d'Eat, entre Bary et l'administration, a décidé que c'est à l'administration, seule compétente pour juger de l'opportunité du *curage* des rivières navigables ou flottables et qu'il appartient de connaître des réclamations formées par des riverains pour dommages résultant du défaut de curage de ces rivières. (*Sirey*, tom. 35, part. 2ᵉ, pag. 499.)

(137)

TABLE GÉNÉRALE.

L'* INDIQUE L'ALINÉA.

FIN.

Imprimerie de J.-B. PAYA, Toulouse , hotel Castellane.